Felix Lorenzi

ZEICHNEN-ABER WIE

Wie man die Grundformen
in der Natur erkennt
und sie richtig zu Papier bringt.
Eine Anleitung
mit 235 Zeichenbeispielen.

BAND 1 HAUSTIERE

BOJE VERLAG STUTTGART

1. Auflage 1977
Berechtigte Lizenzausgabe für die Bundesrepublik Deutschland
und Österreich beim Boje-Verlag, Stuttgart

Printed in Switzerland.
ISBN 3 414 11920 X

Vorbemerkung

Unbekümmert und mit viel Phantasie gestaltet das Kind in seinen ersten Lebensjahren die Welt. Wie auch immer seine Kritzeleien auf einem Blatt Papier aussehen mögen, es freut sich darüber, und man hat den Eindruck, daß die Zeichnung seinen Vorstellungen und Erwartungen entspricht. In dieser Entwicklungsphase besteht die Rolle des Erwachsenen vor allem darin, das Kind und seine Leistung zu bewundern.

Doch dann kommt die Zeit, wo es seine zeichnerische Unbefangenheit verliert, selbstkritisch und unsicher wird, weil der Erfolg von früher sich nicht mehr einstellt. Glaubte es zuvor fest daran, *sein* Pferd oder *seinen* Hund richtig gezeichnet zu haben, hat es nun plötzlich das Gefühl, es gelinge ihm überhaupt nichts mehr.

Nicht selten wendet es sich dann an seine Umgebung mit der Bitte: »Zeichne mir doch einmal...« – sei es nun Hund, Katze, Huhn oder Kaninchen. Oft befällt aber auch den Erwachsenen nach den ersten Strichen Mutlosigkeit. Er sieht sich überfordert und weiß plötzlich nicht mehr, wie das Gewünschte wirklich aussieht. Und selbst wenn er ein Photo dazulegt, will es nicht recht gelingen, den Gegenstand abzuzeichnen.

Wer kennt nicht diese und ähnliche Situationen? Für solche und ähnliche Fälle ist dieses Buch vor allem gedacht, aber auch für jeden, der aus irgendeinem beliebigen Anlaß beschlossen hat: »Ich könnte doch wieder einmal ein bißchen zeichnen.«

Wenn das Kind, mißvergnügt über die eigene Leistung, sich an die Erwachsenen wendet, ist der Zeitpunkt gekommen, mit einem methodischen Zeichenunterricht zu beginnen.
Jetzt fällt die Entscheidung, ob es auch weiterhin Freude am Zeichnen haben wird oder ob es ein für allemal aufgibt.
Die in diesem Buch vermittelte Methode eignet sich ganz besonders auch für Kinder. Die nachfolgende Anleitung ist so einfach gehalten, daß ihr auch der Zehnjährige mühelos zu folgen vermag und – vielleicht im Wettstreit mit den Eltern – versuchen kann, sein »schönstes« Haustier naturgetreu zu Papier zu bringen.

Zeichnen ist also keineswegs eine Kunst, die nur den besonders Talentierten vorbehalten bleiben sollte.
Denn Zeichnen heißt zuerst einmal Sehen und das Gesehene verstehen lernen: Wie ist ein Tier in seiner sichtbaren Form aufgebaut? Welche Teile sind besonders wichtig? – Das Verständnis wächst mit dem Wissen vom »*Wie*«!

Auf diesem »*Wie*« baut eine Zeichenmethode auf, deren erster Band hier vorliegt: Die Haustiere. Schritt für Schritt wird gezeigt, wie Pferd, Gans, Kaninchen usw. vereinfacht gesehen, in ihre Formen zerlegt und gezeichnet werden können.

Zeichnen erzieht zum Beobachten und Sehen. Wer zeichnen will, muß erst sehen lernen. Er muß Formzusammenhänge erkennen und sie dann zeichnerisch umsetzen. Denn Zeichnen ist nichts anderes als die sichtbare Welt in ihrer Raumtiefe auf eine ebene Fläche – das Zeichenpapier – zu übertragen.

Die Welt, in der wir leben, macht es dem einzelnen nicht leicht, sich selbst zu beschäftigen und sich schöpferisch zu betätigen. Optische Reize überfluten uns tagtäglich in einem Maß, daß es uns schwer wird, einen Sinn für die vielfältigen – aber weniger aufdringlichen – Formen der Natur zu bewahren und sich daran zu erfreuen.

Auf diesem Hintergrund gesehen, bekommt jede noch so bescheidene zeichnerische Betätigung ihre Bedeutung als *persönliche* Leistung, die zu innerer Befriedigung, Entspannung, aber auch zu einer Art Selbstverwirklichung führen kann, ganz unabhängig vom Grad der Vollkommenheit, den das Gezeichnete erreicht.

Und vergessen wir eins nicht: Zeichnen ist eine der vielen Möglichkeiten des Spielens, – des Spiels mit Formen, mit Flächen, mit Hell und Dunkel *und* des Spiels mit den eigenen Fähigkeiten.

Wen reizt es nicht, mitzumachen?

Anleitung

Die Welt um uns herum ist voller Erscheinungen. Wir sehen Tiere, Pflanzen, Autos, Menschen, Flüsse, Häuser, Wiesen und Berge. Wir sehen ihre Beziehungen zueinander – wir sehen das Leben. Und oft möchten wir erlebte Eindrücke oder Begegnungen auf dem Papier festhalten, möchten wir zeichnen oder malen. Doch wenn wir damit beginnen, stellen wir fest, daß es gar nicht so einfach ist.
Nach der nun folgenden einfachen Methode kann jeder Schritt für Schritt lernen, die äußere Form unserer bekanntesten Haustiere schneller, besser und vor allem genauer zu zeichnen. Dazu brauchen wir ein System als Hilfsmittel, das alle Formen und Teile vereinfacht. Denn jedes Ding, jedes Lebewesen setzt sich aus verschiedenen Grundformen zusammen.

Zum Beispiel das Pferd. So sieht ein »richtiges Pferd« aus:

Zeichnung 1

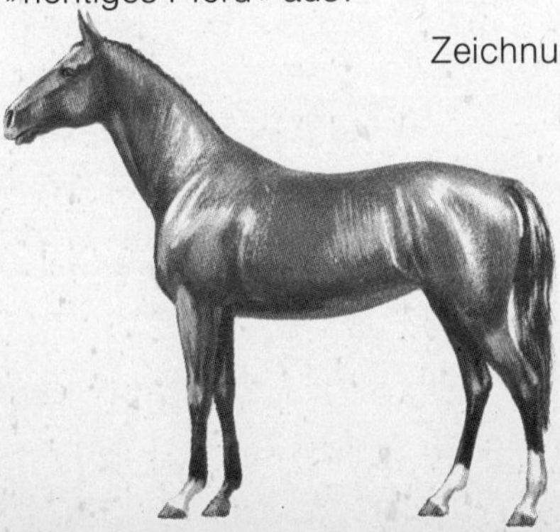

»Wo soll ich nun anfangen: Beim Schwanz, beim Kopf, beim Bauch oder bei den Augen?« Das sind alles Fragen, die zu keinem konstruktiven Ergebnis führen! Wir teilen zuerst unser Pferd in einzelne Formen ein, die wir der Geometrie entnehmen.

Zeichnung 2 demonstriert, wie's gemeint ist:

Zeichnung 2

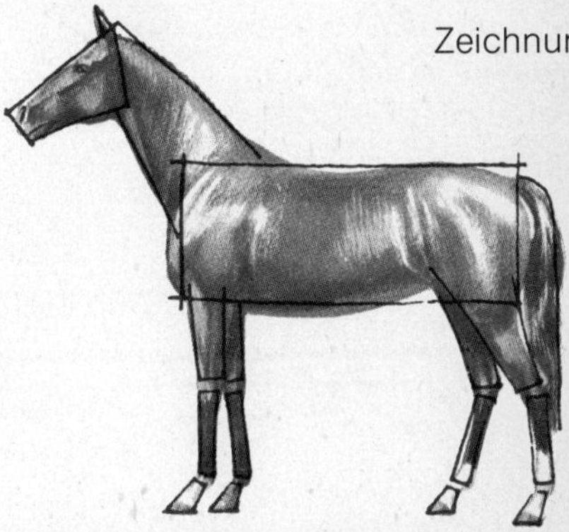

Jetzt haben wir ein geometrisches Grundmuster von unserem Pferd. Das Tier ist in ganz einfache Formen eingeteilt, die miteinander verbunden sind und die man leicht nachzeichnen kann. Auch die Größenverhältnisse der einzelnen Teile zueinander sind bereits ganz klar ersichtlich.

Dieses Pferd auf Zeichnung Nr. 3 ist der erste Schritt, den man tun muß. Es ist jedoch nur eine feine Vorzeichnung. Die Bleistiftlinien dienen nur zur Fixierung der Proportionen.

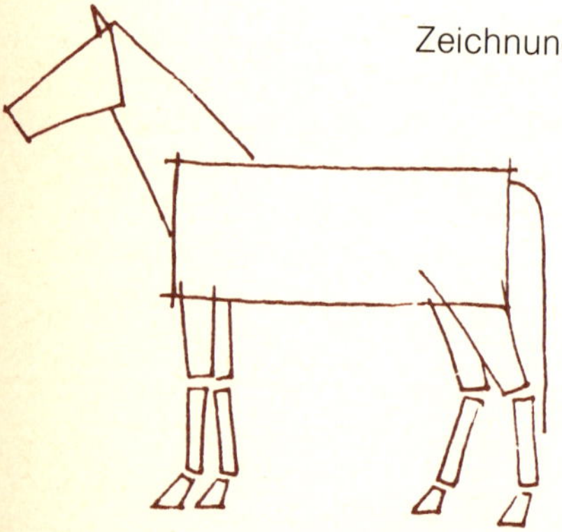

Zeichnung 3

»Das ist eine grobe Vereinfachung. Davon bekommt man keine Freude am Zeichnen!« Doch, man bekommt. Wer nämlich diese und andere Formen immer wiederfindet und erkennt, dem wird plötzlich alles viel einfacher erscheinen. Und aus der geometrischen, scheinbar leblosen Vorstufe wird dann jeweils ein »richtiges« Lebewesen entstehen: Hier zum Beispiel ein Pferd, das einem vom Zeichenpapier fast entgegenwiehert, so echt sieht es aus!

Nach diesem ersten Schritt ins flächige Zeichnen gelingt es bereits, viel bessere Darstellungen von Häusern, Dörfern und Städten zu Papier zu bringen.

Doch alles, was wir in der Natur sehen, hat die ihm gemäßen Grundformen: Das Pferd zum Beispiel hat längere Beine als die Kuh. Das Pferd reckt den Hals stolz in die Höhe, die Kuh streckt ihn horizontal aus. Wer sein Auge schult, wer genauer schaut, kann sich viele Grundformen einprägen und später aus dem Gedächtnis zeichnen. Doch so weit sind wir jetzt noch nicht. Kehren wir also zurück zu unserem Pferd.

Die erste Vorzeichnung können wir nun abändern und verschiedene, für das Pferd typische Stellungen zeichnen. Zum Beispiel so:

Zeichnung 4

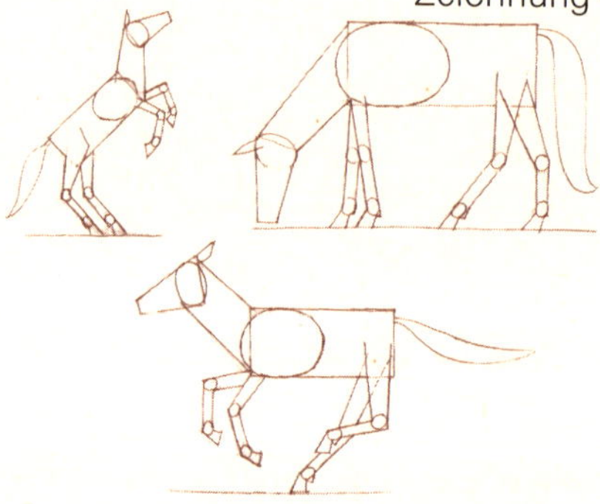

Schon ist das Pferd nicht mehr starr und statisch. Es setzt einen Fuß vor den anderen und beginnt zu galoppieren.

Und jetzt gehen wir noch einen Schritt weiter: Wir wenden uns wieder der Zeichnung 3 zu und bringen Leben in die starren geometrischen Formen. Das erreichen wir, indem wir den Hals weicher, den Bauch runder, den Kopf wohlgeformter und die Beine präziser zeichnen.

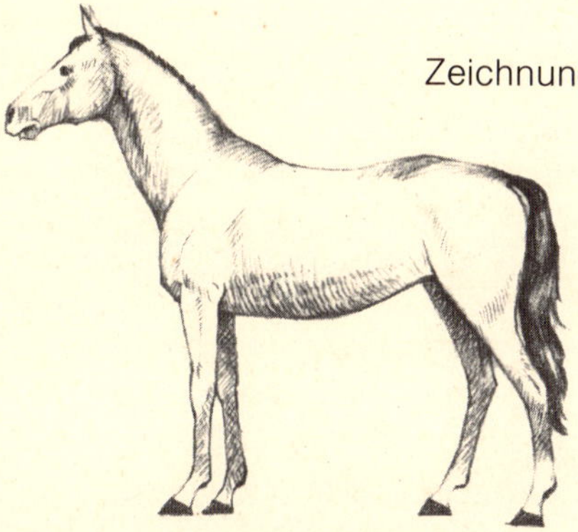

Zeichnung 5

Sieht das Pferd nicht bereits viel besser aus als auf Zeichnung 3? Doch es ist ja noch gar nicht fertig! Das Auge fehlt noch, die Nüstern und Haare ... und ohne Ohren kann das Pferd nicht hören. Jetzt gilt es, diese Ergänzungen an den richtigen Stellen in der richtigen Größe anzubringen. Auch die Hufe sollten ein wenig fester und genauer sein. Und dort, wo das Pferd stärkere Muskeln hat, kann man sie durch Schattierung betonen. So entsteht nach und nach das Pferd.

Natürlich ist viel Übung, viel fleißiges Arbeiten notwendig, bis die Größenverhältnisse mit dem Auge richtig erkannt werden. Später genügt auch ein vorgezeichnetes Pferd den Ansprüchen des Zeichnenden nicht mehr: Er geht in die Natur hinaus, schaut sich das Pferd auf der Weide an, prägt sich seine Grundformen ein und beobachtet genau, wie es sich bewegt.

Und noch ein guter Rat an dieser Stelle: Nie mit dem Lineal zeichnen, auch niemals abmessen! Immer die Augen gebrauchen. Was macht es schon, wenn am Anfang ein gezogener Strich nicht schnurgerade ist. Mit fortschreitender Übung wird es schon werden.

Bevor wir nun einen großen Schritt vorwärts tun, schauen wir uns noch einmal die Zeichnung 3 an: Sie ist *flächig* gezeichnet. Das heißt, sie setzt sich aus geometrischen Grundformen zusammen.

Zeichnung 6

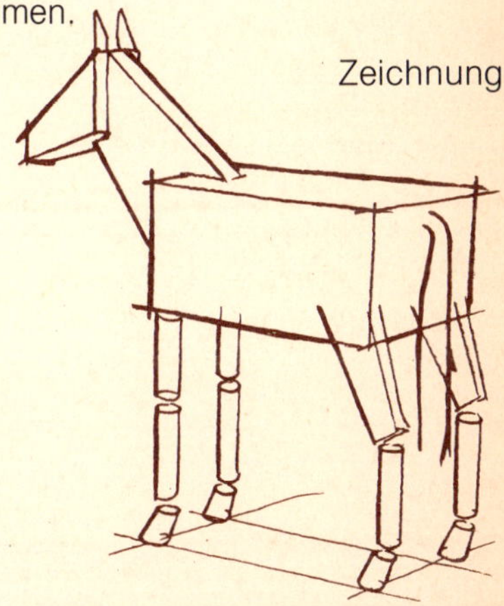

Jetzt drehen wir einmal das Pferd ein bißchen von uns weg, nach rechts. Eine *räumliche* Darstellung entsteht! Das bedeutet: Aus dem einfachen Rechteck des Bauches wird ein Körper. Der Hals erhält eine bestimmte Dicke. Der Kopf des Pferdes verwandelt sich in eine Pyramide, der man die Spitze abgeschnitten hat. Das ganze Pferd, von Kopf bis Fuß, gewinnt eine räumliche Dimension.

Die räumliche Darstellung von Körpern bezeichnen wir auch als Perspektive!

Wir sind jetzt in der Lage, auf unserem Zeichenblatt, das ja nichts anderes als eine Fläche ist, einen Raum entstehen zu lassen. Damit erhalten wir ganz neue und bessere Möglichkeiten der Darstellung, und wir können unser Pferd viel genauer zeichnen. Der Bauch etwa ist kein bloßes Rechteck mehr, man kann jetzt erkennen, wie dick er ist.

Aber auch diese räumliche Darstellung ist wiederum nur ein Gerüst, das zum Festhalten der richtigen Proportionen dient. Doch nun soll daraus das fertige, das lebensnahe Pferd entstehen!

So zum Beispiel:

Zeichnung 7

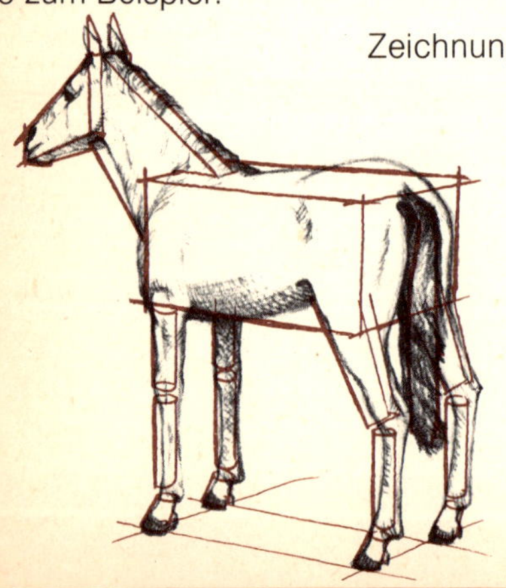

Wir lösen wieder die starren Formen auf. Die Kanten und Ecken werden abgerundet und dadurch weicher. Der Hals wird geschwungener, der Bauch schön rund.

Und schon steht das fertig gezeichnete Pferd vor uns. Es steht! Aber weil es ein Pferd ist, will es natürlich nicht stillstehen, sondern seine Beine bewegen: Unser Pferd möchte herumspringen und davongaloppieren!

Erinnern wir uns an Zeichnung 4. Bereits dort ist das Pferd in verschiedenen, typischen Bewegungen zu sehen. Allerdings noch in der vereinfachten, der flächigen Form. Doch seither haben wir einiges dazugelernt. Deshalb probieren wir jetzt, mit den gezeigten Hilfsmitteln das Pferd in verschiedenen Stellungen und Bewegungen zu zeichnen. Die Möglichkeiten sind unbegrenzt!

Besonders wichtig ist es, die Tiere draußen in der Natur genau zu beobachten. Dabei gibt es immer wieder Neues zu sehen: andere Bewegungen, andere Perspektiven, andere Stellungen, die man dank dem Gelernten zu Hause aus dem Gedächtnis zeichnen kann.

Wer zeigt, wie verschiedenartig sich die Tiere bewegen, bleibt auch selbst beim Zeichnen beweglich und wird immer neue Fortschritte machen. Wer dagegen das Pferd immer wieder in der gleichen Stellung zeichnet, bleibt im Schema stecken: Er bringt einfach immer das gleiche fast mechanisch aufs Papier.

Das beste Material zum Zeichnen ist eine Papiersorte mit einer etwas rauhen Oberfläche. Als Zeichenstift ist ein weicher Bleistift zu empfehlen, den man locker in der Hand hält. Ganz leicht und ruhig gleitet der Bleistift über das Papier, die gewünschte Zeichnung entsteht so fast von selbst. Nicht ungeduldig werden.

Ein weiteres Hilfsmittel für das Erfassen von Formen ist das Modellieren mit Ton oder Plastilin. Die in unserem Schema gezeigten Formen wie Pyramiden oder Zylinder lassen sich leicht formen und zusammenfügen. Hat man das Tier in einer bestimmten Stellung modelliert, kann man es von verschiedenen Seiten abzeichnen. So lernen wir noch besser die räumliche Erscheinung kennen.

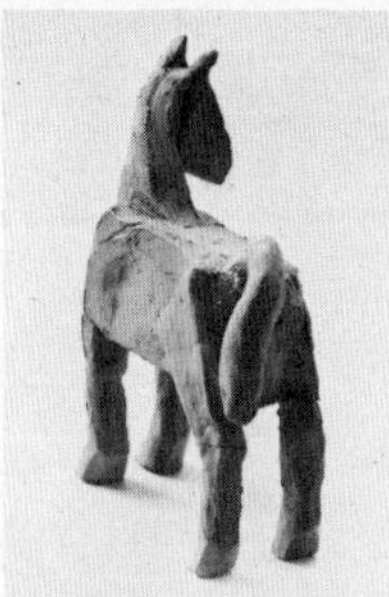
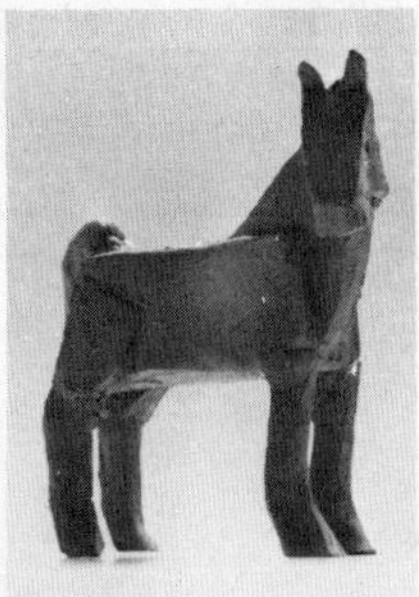
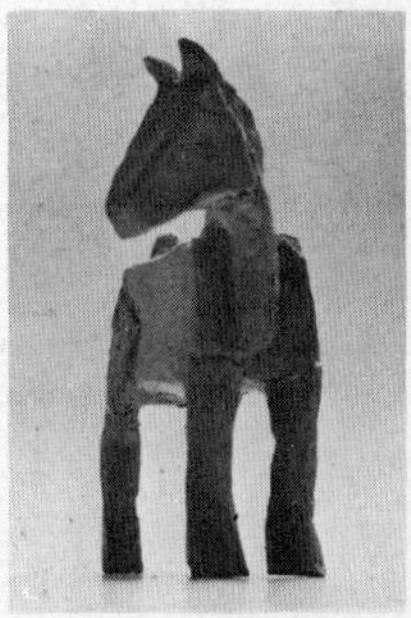
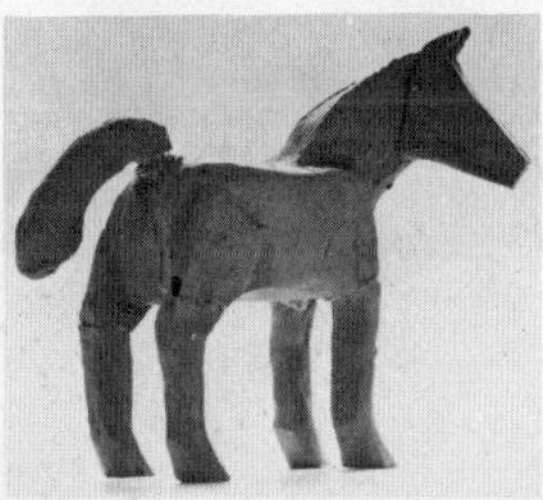
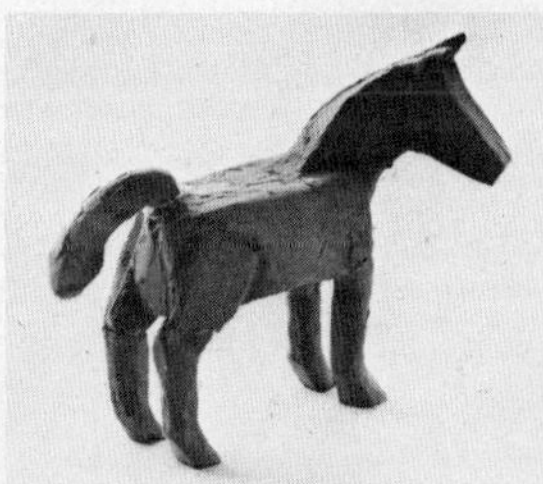

Doch genug der Theorie.
Beginnen wir mit der Praxis – mit dem Zeichnen unserer vertrauten Haustiere!

Pferd

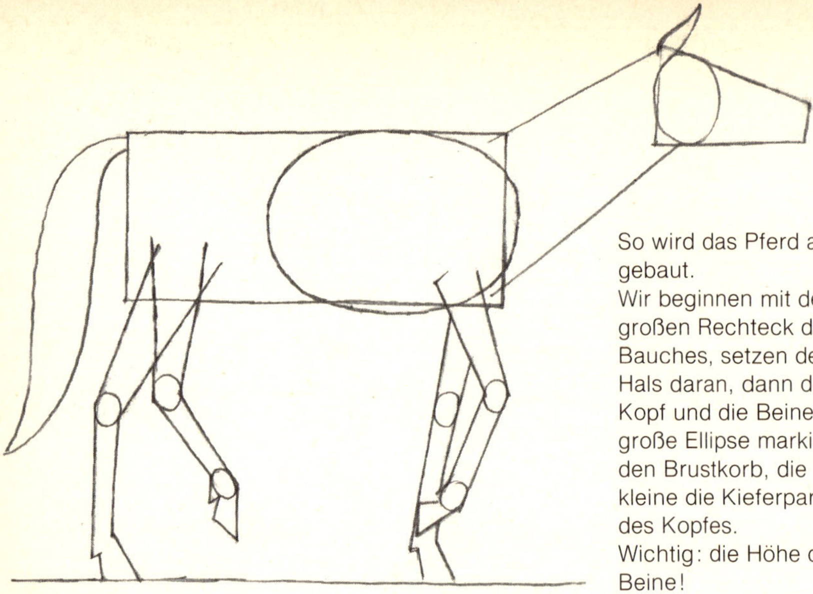

So wird das Pferd aufgebaut.
Wir beginnen mit dem großen Rechteck des Bauches, setzen den Hals daran, dann den Kopf und die Beine. Die große Ellipse markiert den Brustkorb, die kleine die Kieferpartie des Kopfes.
Wichtig: die Höhe der Beine!

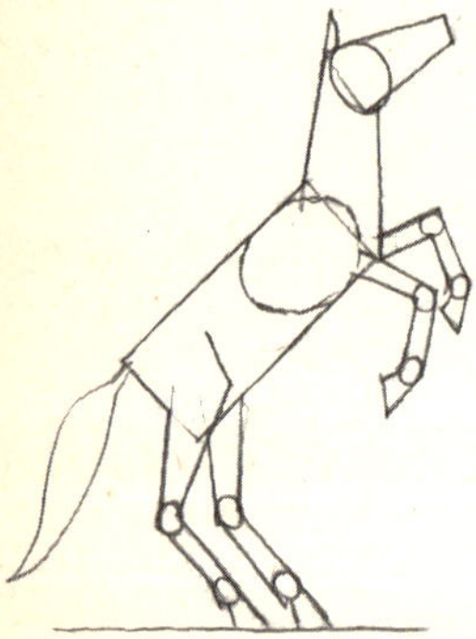

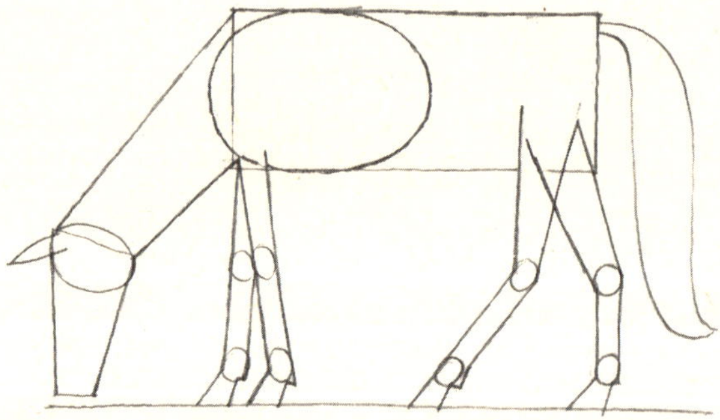

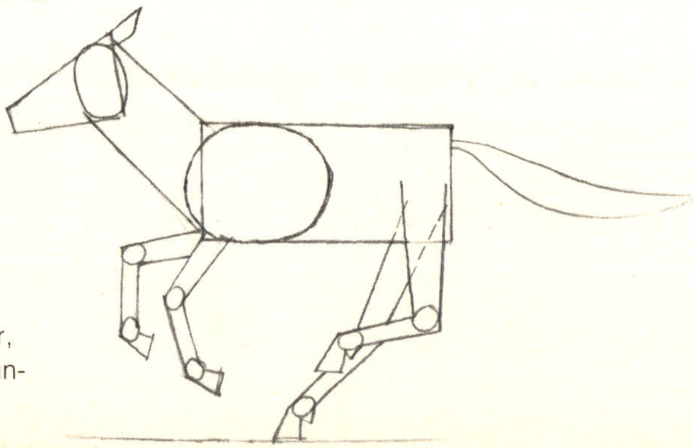

Und nun probieren wir, verschiedene Bewegungen darzustellen und neue zu erfinden.

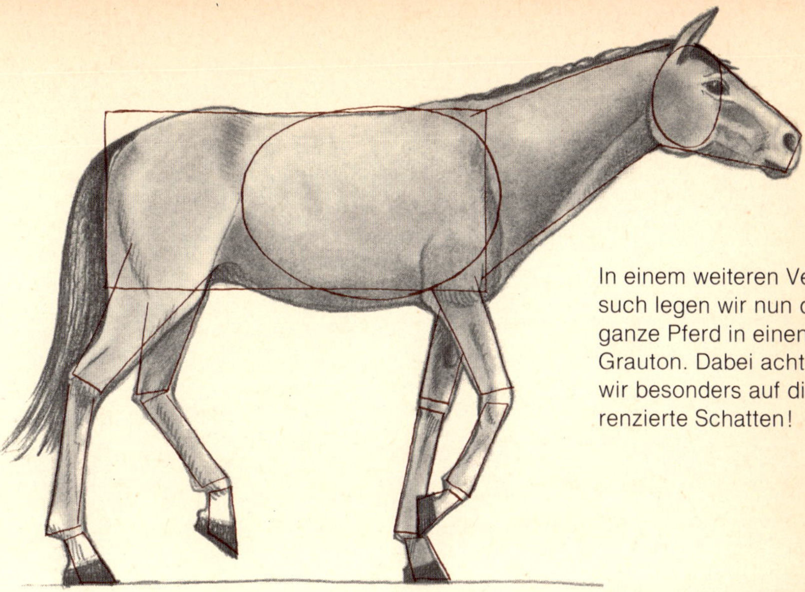

In einem weiteren Versuch legen wir nun das ganze Pferd in einen Grauton. Dabei achten wir besonders auf differenzierte Schatten!

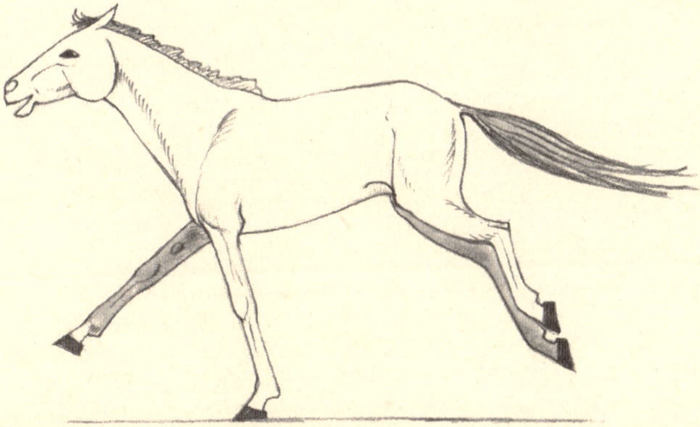

Jetzt versuchen wir zuerst, das Schema von Seite 10 abzuändern. Die einfache Umrißlinie behalten wir bei. Später können wir dann die Beine direkt unter dem Bauch ein bißchen schattieren, die Hufe dunkler machen, die großen Muskelgruppen leicht hervorheben, Augen, Nüstern und Schwanz genauer zeichnen.

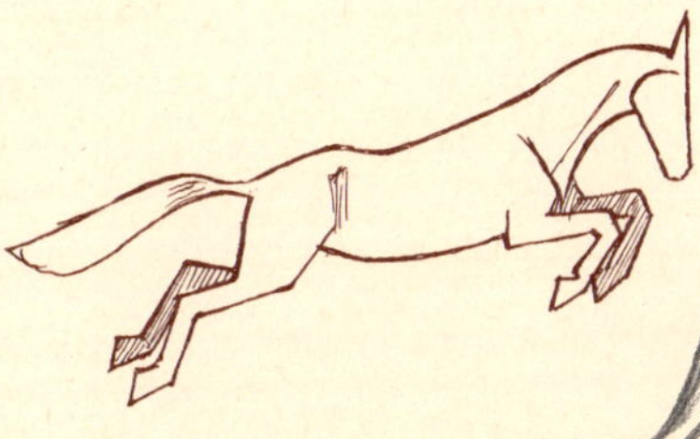

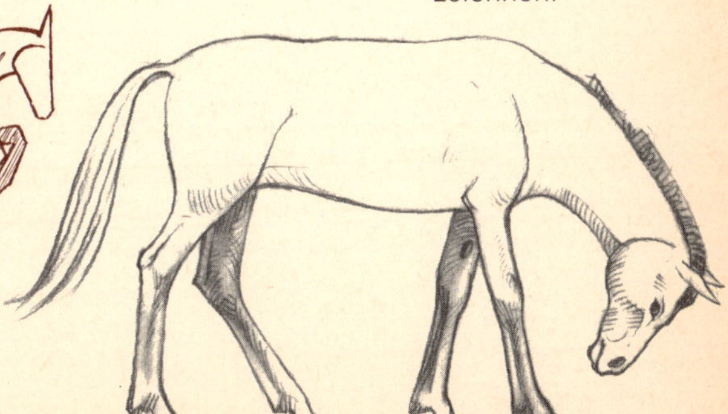

Hier kommt die Perspektive ins Spiel! Das Rechteck von vorhin wird zum Zylinder oder Ziegelstein. Der Kopf verwandelt sich in eine Pyramide mit abgeschnittener Spitze. Die Beine werden längliche Zylinder. Diese Zeichnung führen wir mit zarten Strichen aus: Sie dient nämlich wieder als Vorzeichnung für das fertige Pferd.

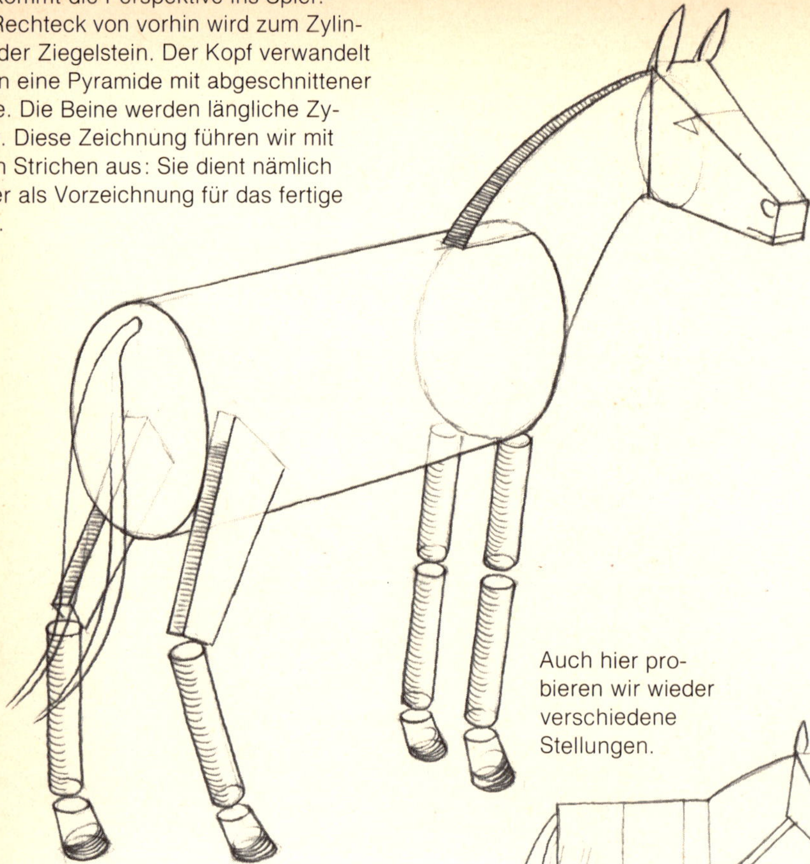

Auch hier probieren wir wieder verschiedene Stellungen.

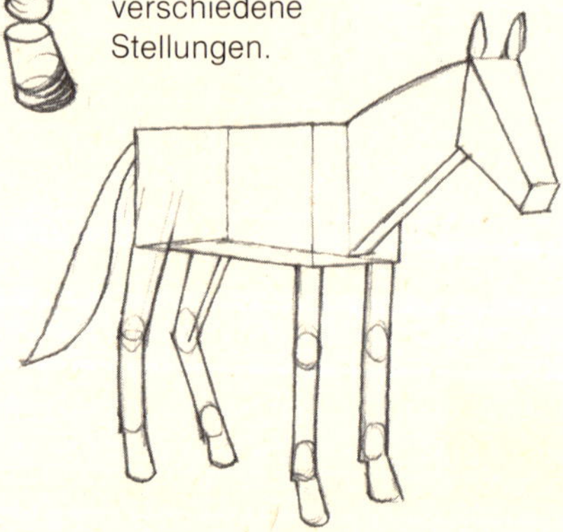

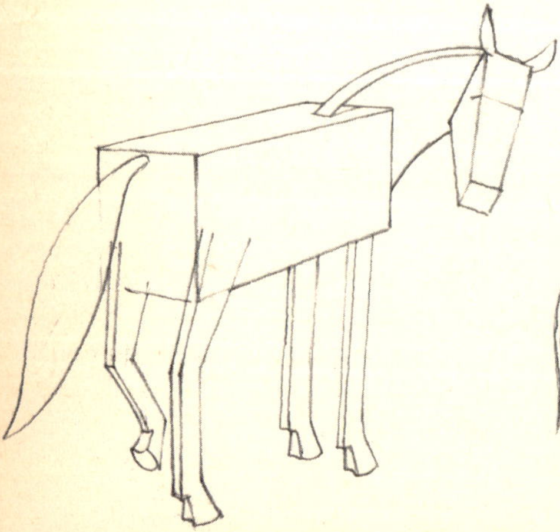

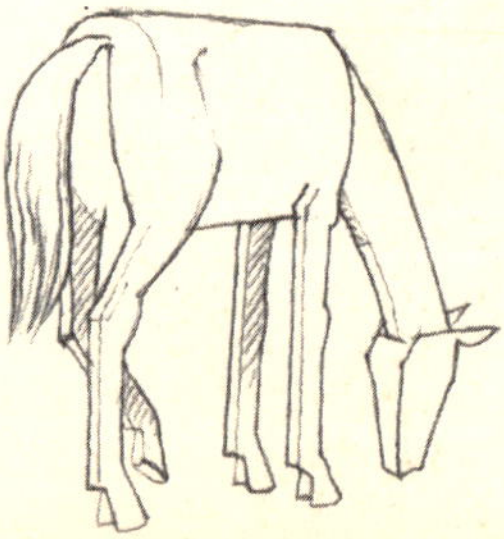

Langsam, sorgfältig und konzentriert versuchen wir hier, das Schema abzuändern. Augen, Haare und Maul können wir jetzt genauer zeichnen.

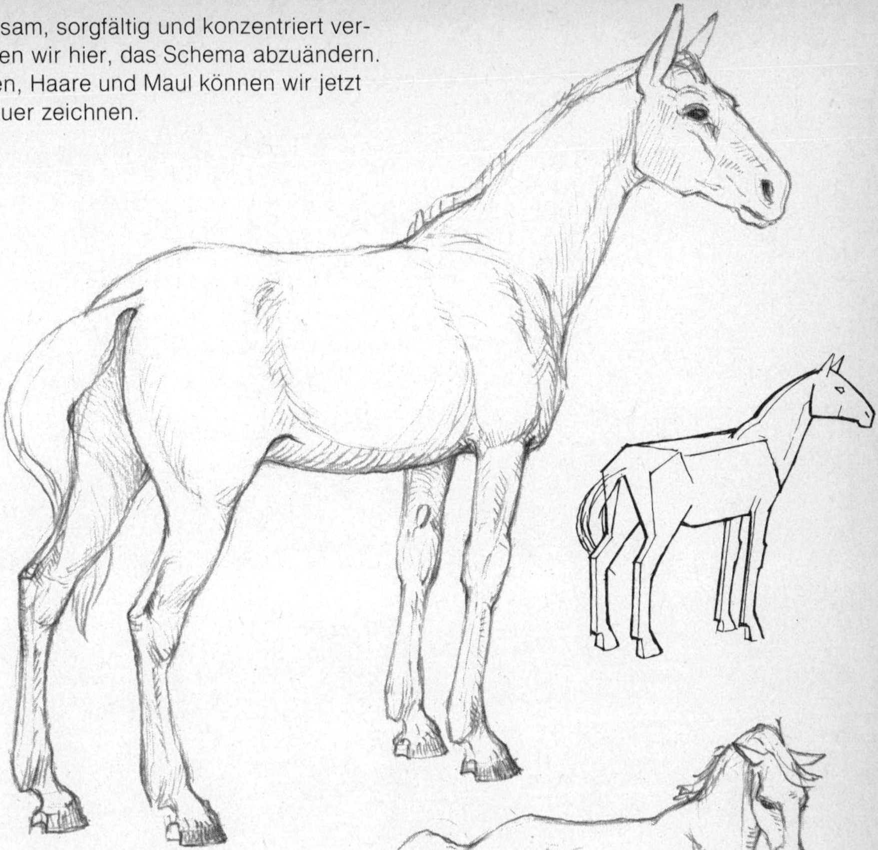

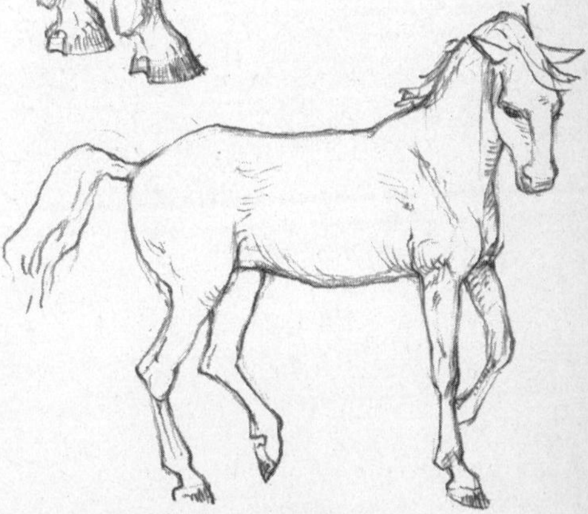

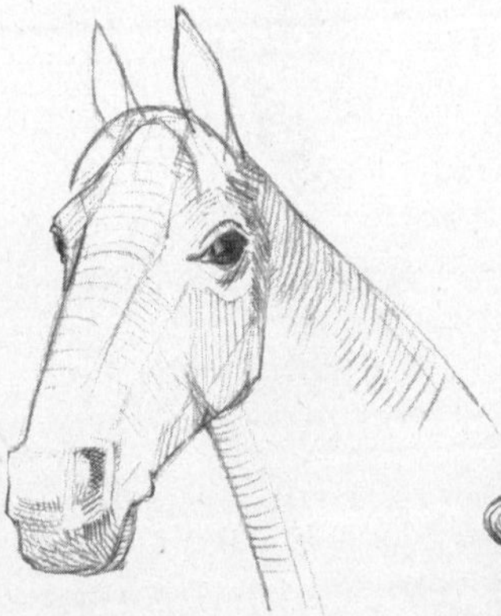

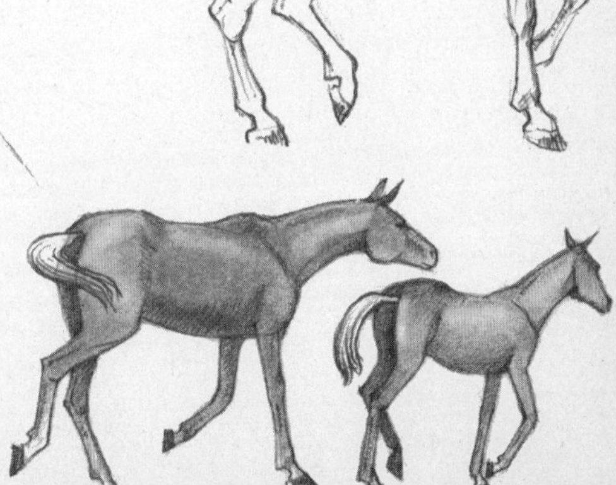

Das Anschauen eines lebendigen Pferdes hilft uns bei der Arbeit!

Hier ein Beispiel aus dem Skizzenbuch eines richtigen Zeichners. Weil er den genauen Aufbau lange vorher studiert hat, kann er heute ohne Hilfslinien ein Pferd zeichnen. Er hat das Schema verlassen und kann frei gestalten.

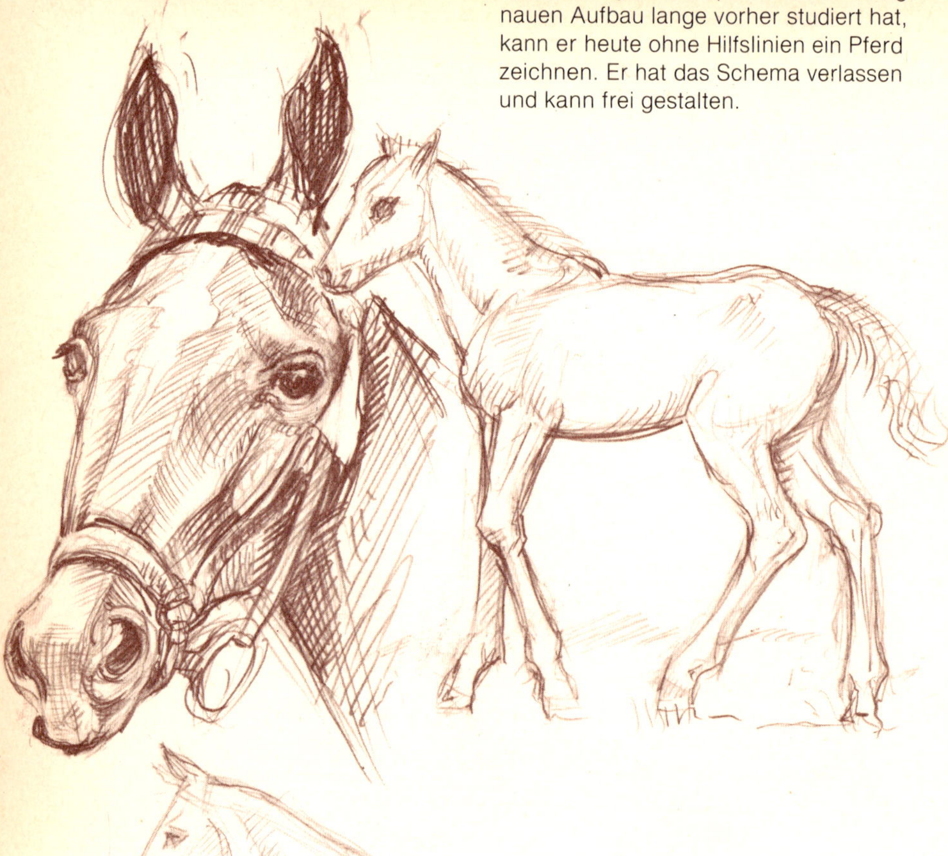

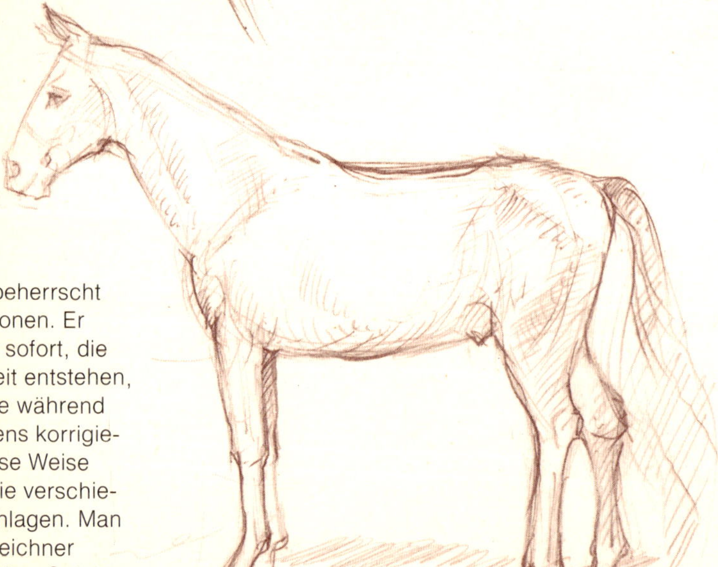

Sein Auge beherrscht die Proportionen. Er sieht Fehler sofort, die bei der Arbeit entstehen, und kann sie während des Zeichnens korrigieren. Auf diese Weise entstehen die verschiedenen Strichlagen. Man spürt, der Zeichner sucht mit jedem Strich die Form.

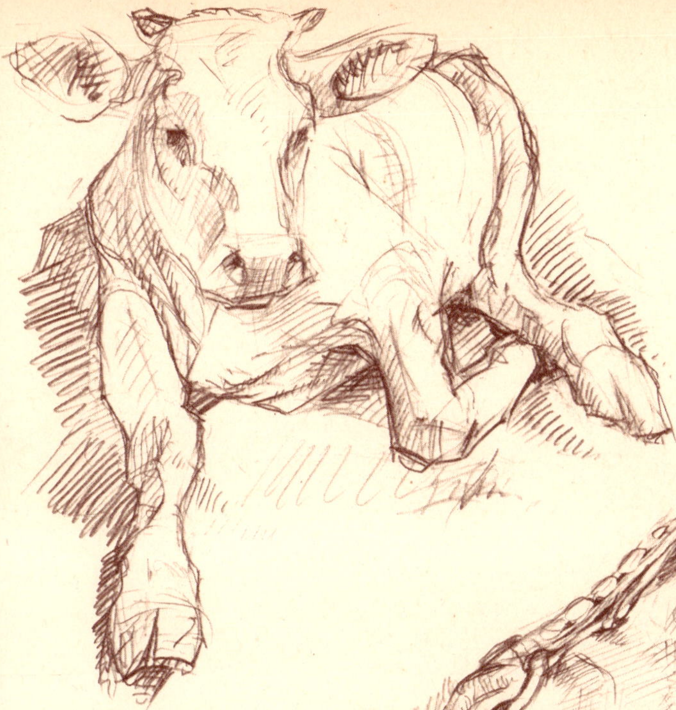

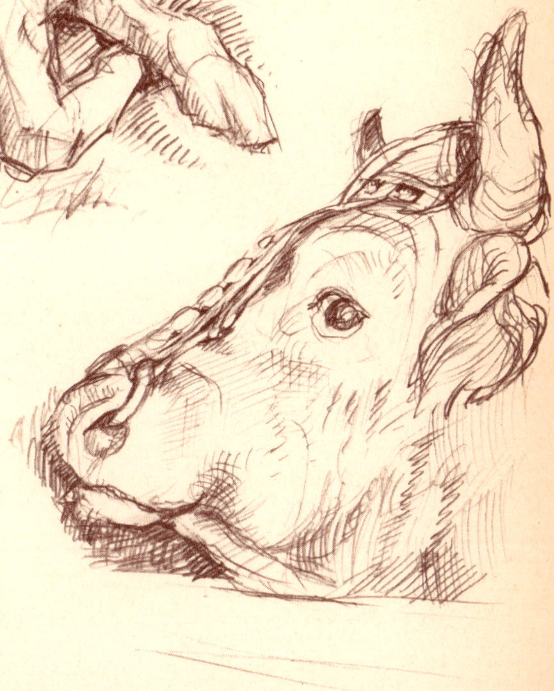

Unser Zeichner hat sich mit seinem Skizzenblock in einem Stall niedergelassen. Mit freien Strichen zeichnet er, was er sieht, nach.

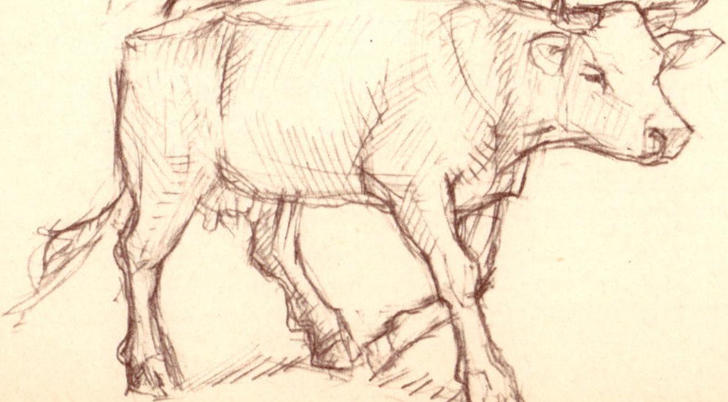

Kuh

Unseren »Milchlieferanten« bauen wir ebenso auf wie das Pferd. Zu beachten sind allerdings die unterschiedlichen Beinlängen!

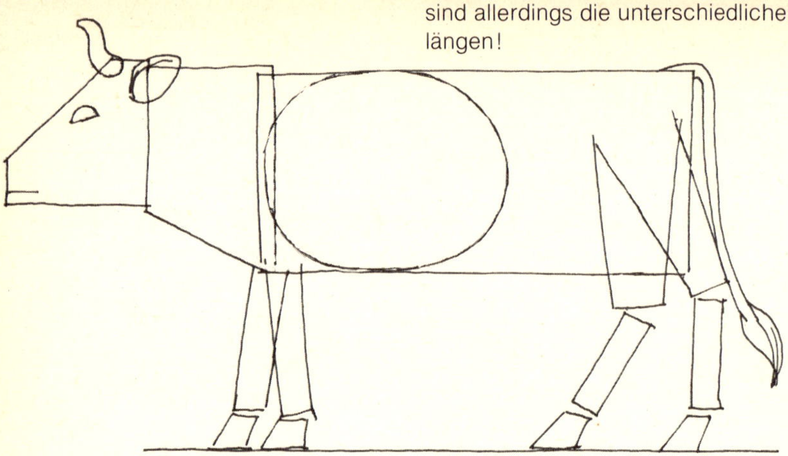

Die Kuh ist schwerer gebaut. Ihr Kopf ist massiger. Sie hat Hörner und Ohren, einen stärkeren Hals und dickere Beine. Ihre Hufe sind in 2 Teile gespalten. Der Schwanz endet in einer Haarquaste.

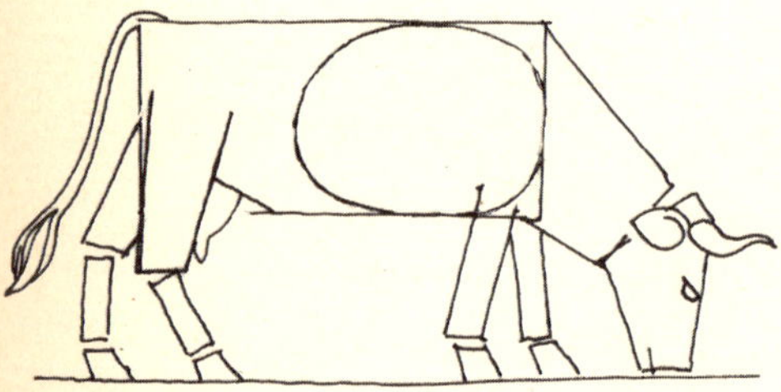

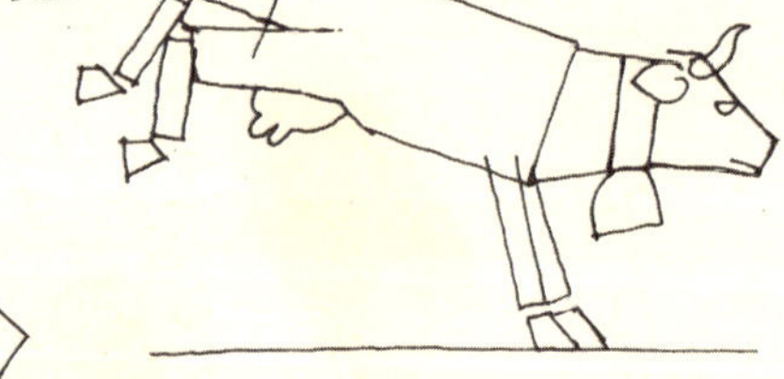

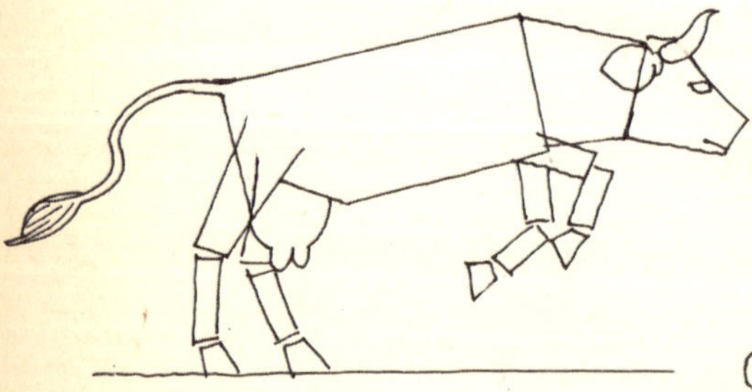

Auch den Unterschied zwischen weiblichem und männlichem Tier müssen wir beachten. So hat der Stier zum Beispiel einen breiteren Nacken.

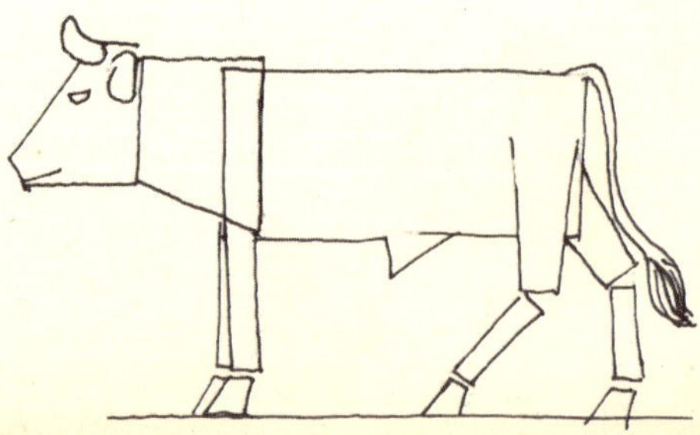

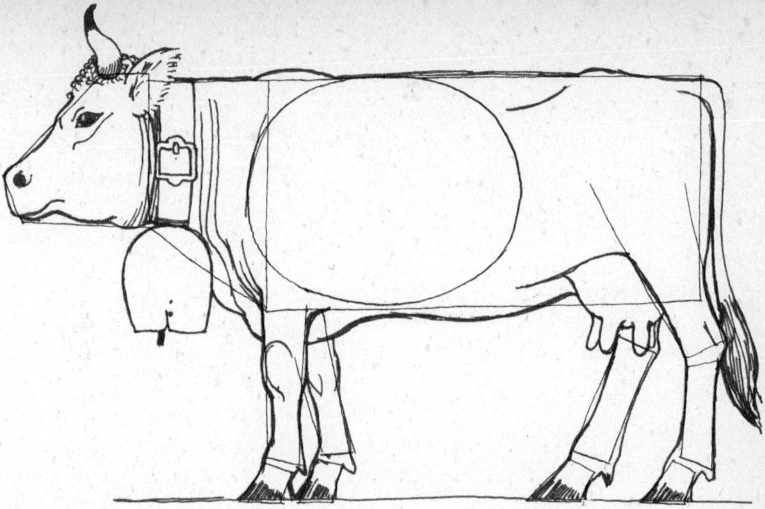

Jetzt wandeln wir diese ersten Grundformen wieder in eine fertige Zeichnung um.

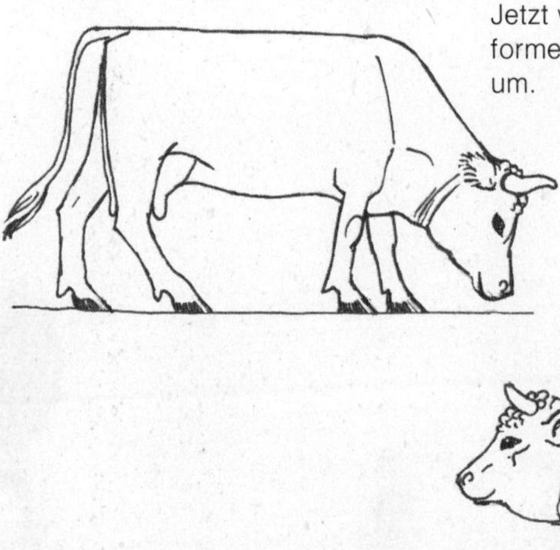

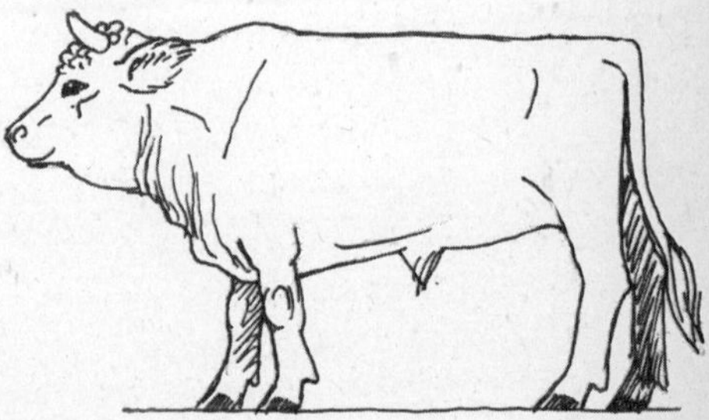

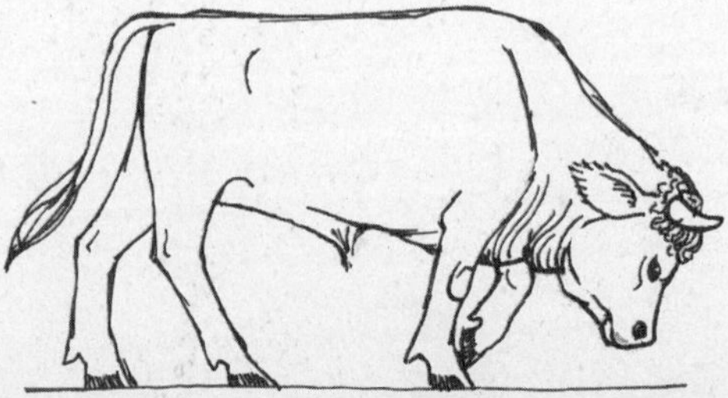

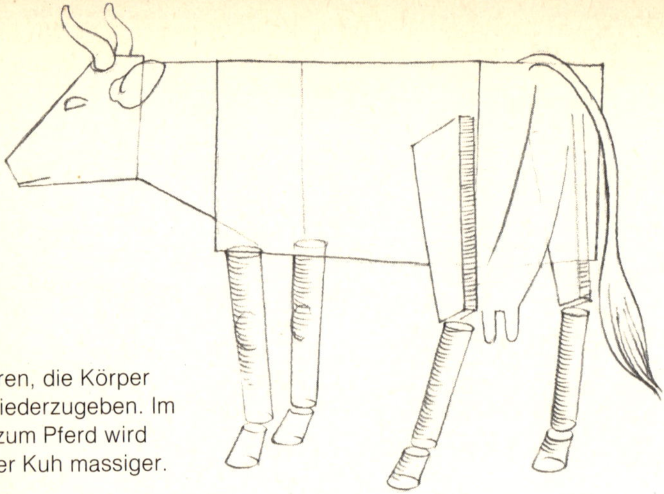

Wir probieren, die Körper genauer wiederzugeben. Im Vergleich zum Pferd wird der Leib der Kuh massiger.

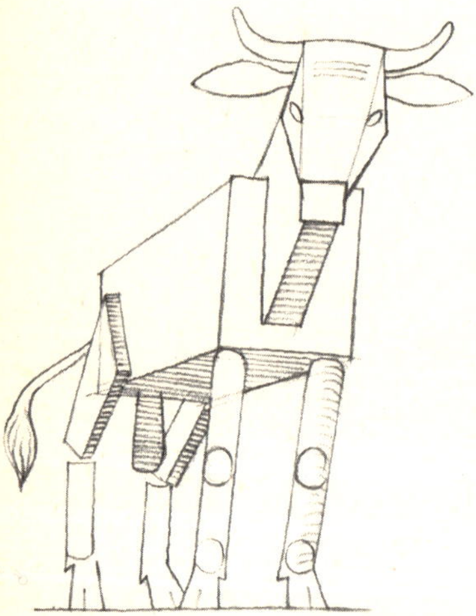

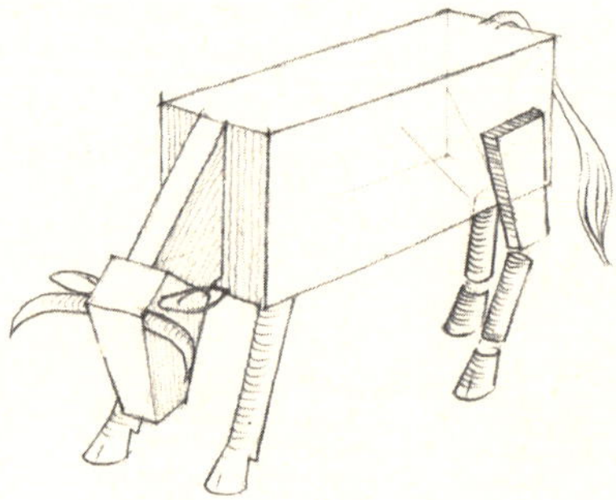

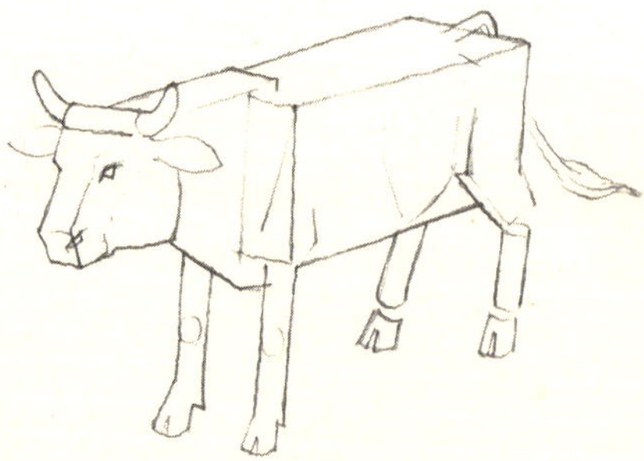

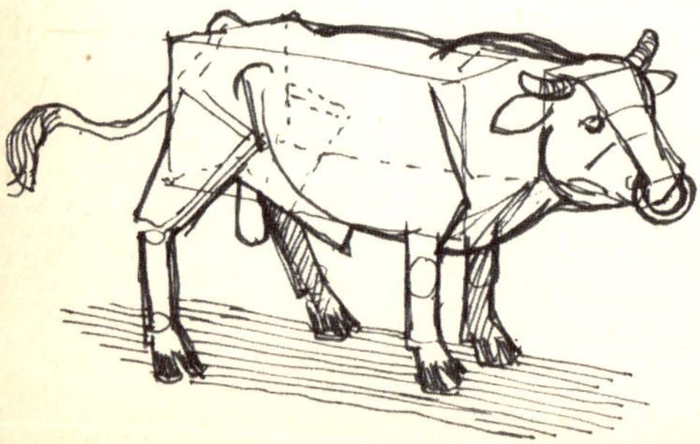

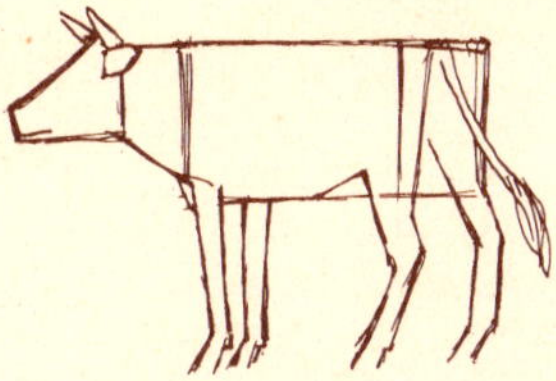

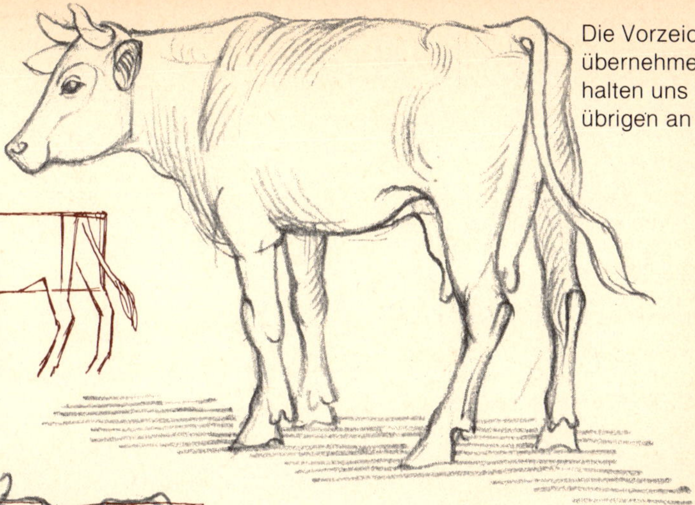

Die Vorzeichnungen übernehmen wir und halten uns im übrigen an die Natur.

Langsam »wächst« die Zeichnung auf dem Papier.

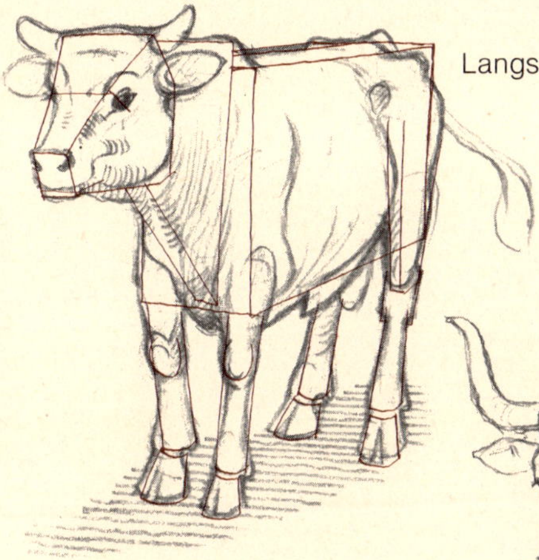

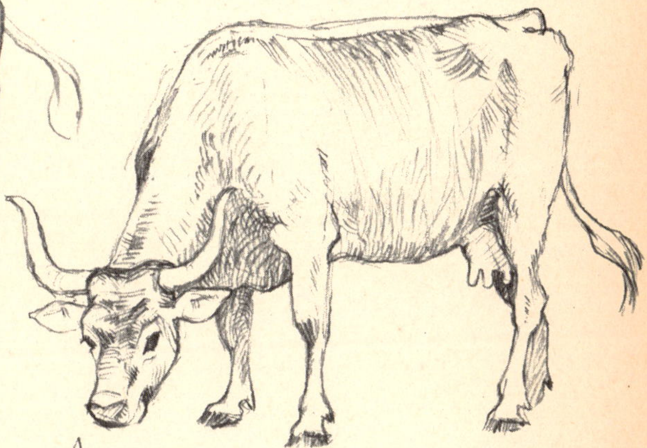

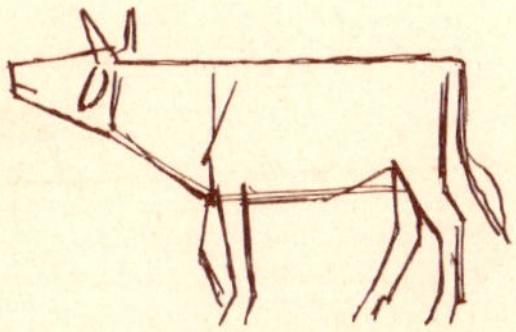

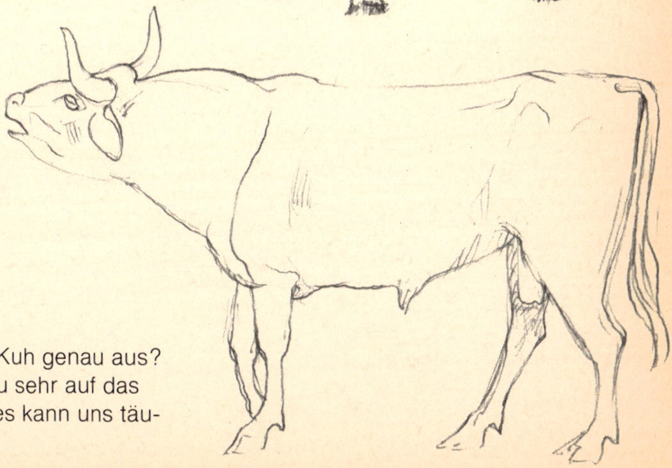

Wie sieht eigentlich eine Kuh genau aus? Verlassen wir uns nicht zu sehr auf das Erinnerungsvermögen – es kann uns täuschen!

Esel

Flüchtig betrachtet, hat der Esel denselben Aufbau wie das Pferd. Sehen wir ihn uns aber genauer an, erkennen wir Unterschiede: Beim Kopf, bei den Ohren, beim Schwanz.

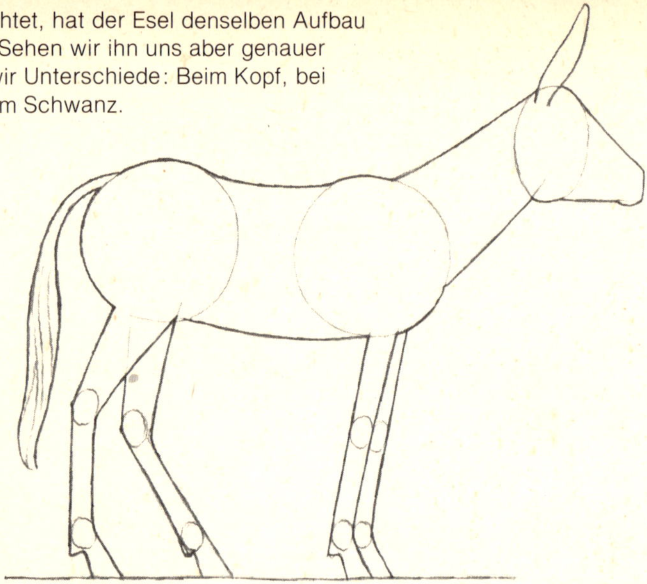

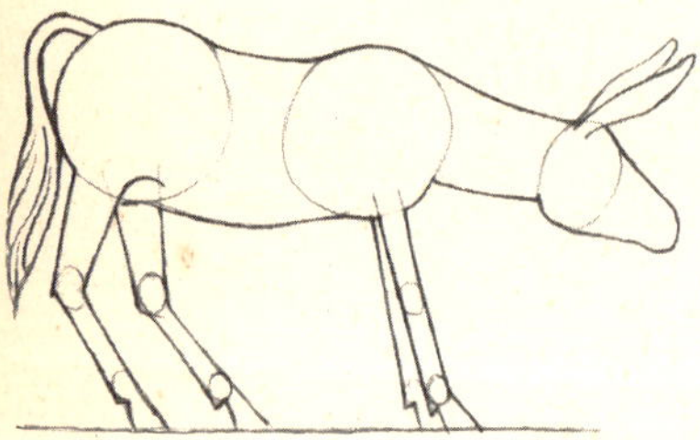

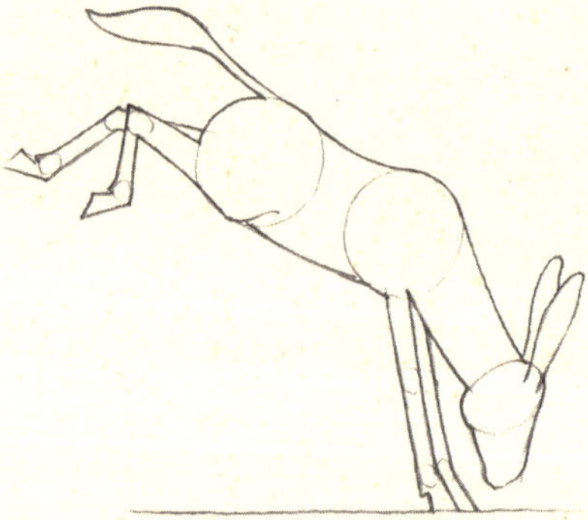

Wir bauen den Körper auf dem Kreis auf und lassen uns andere Stellungen einfallen.

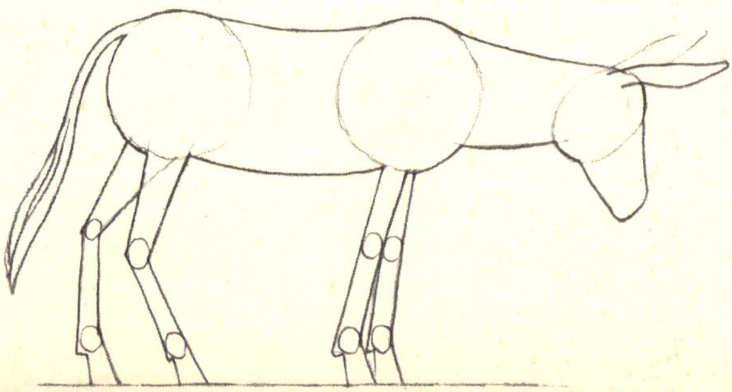

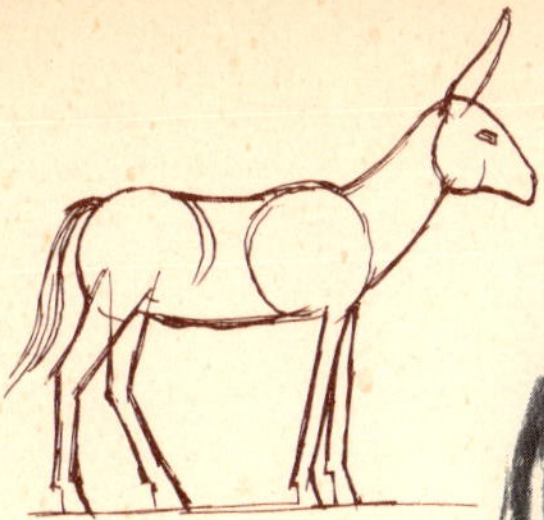

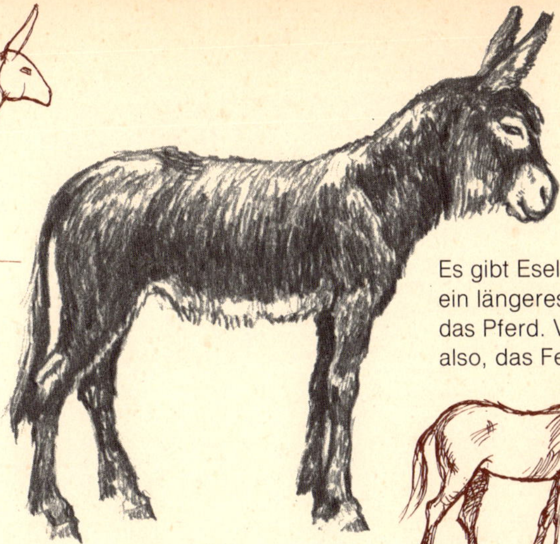

Es gibt Eselarten, die tragen ein längeres Haarkleid als das Pferd. Versuchen wir also, das Fell zu zeichnen!

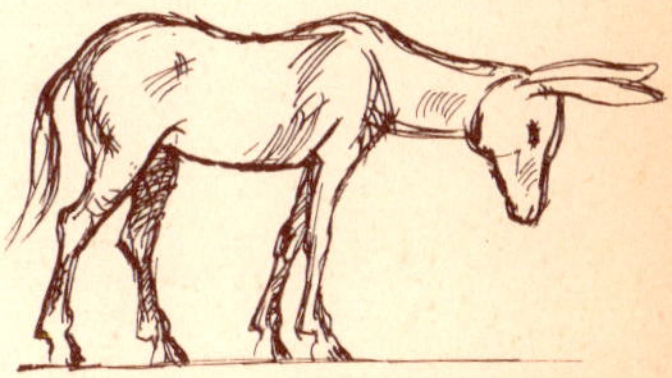

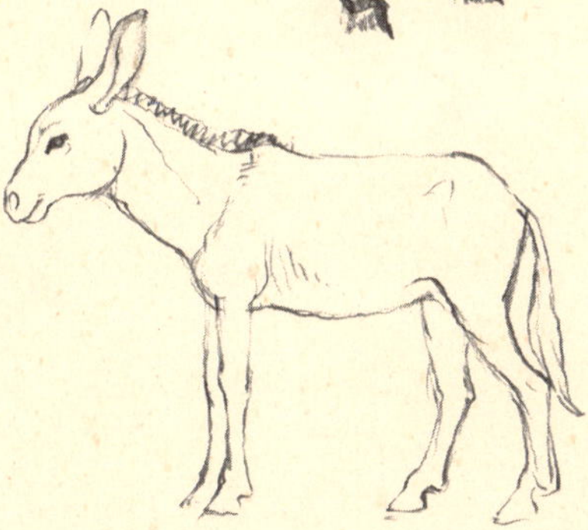

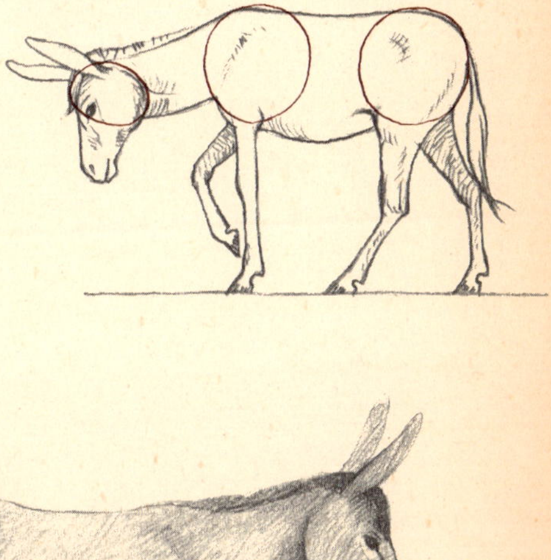

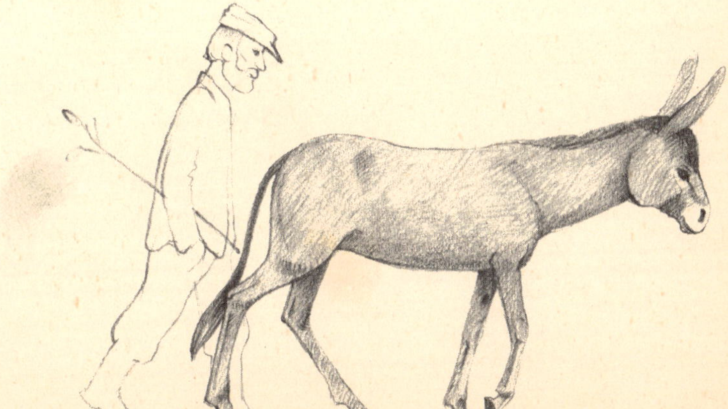

Der Kreis von vorhin wird nun zur
Kugel. Wir bauen den Körper darauf auf.

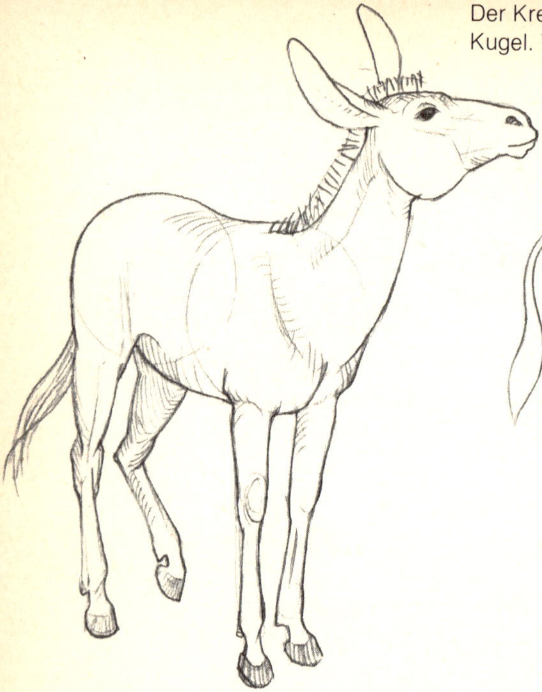

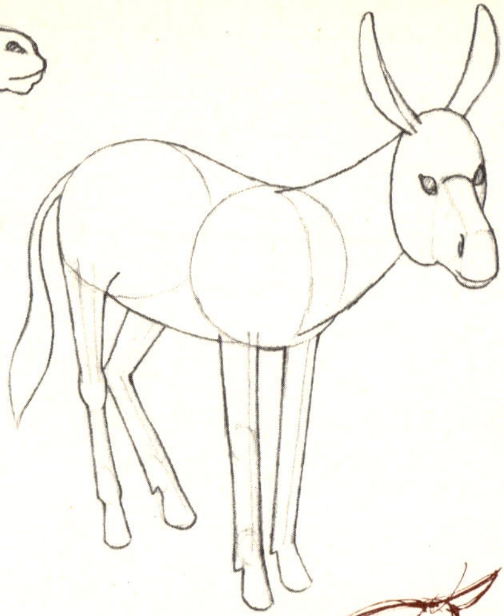

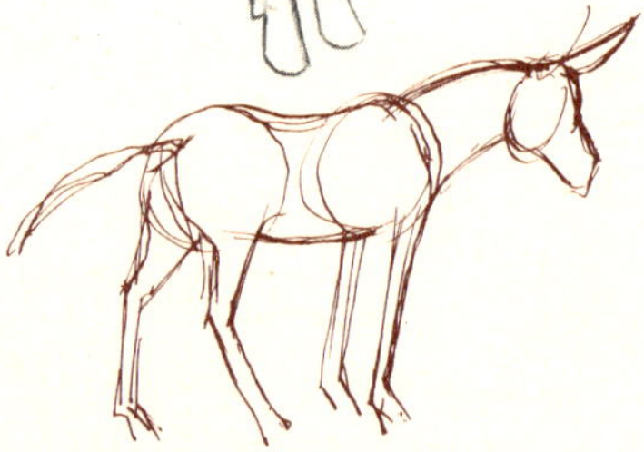

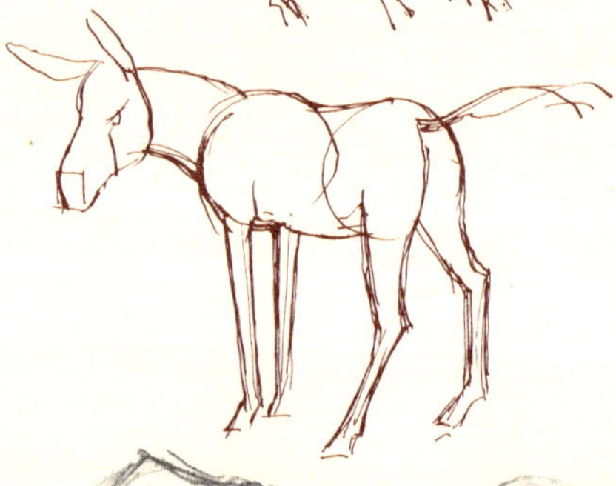

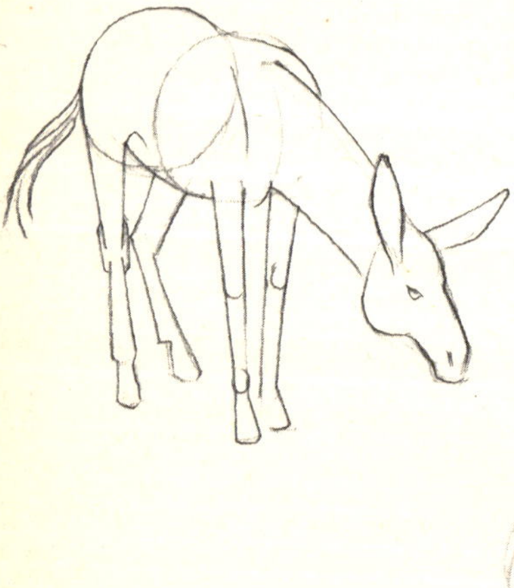

Für die Beine wenden wir die beim
Pferd gemachten Erfahrungen an.

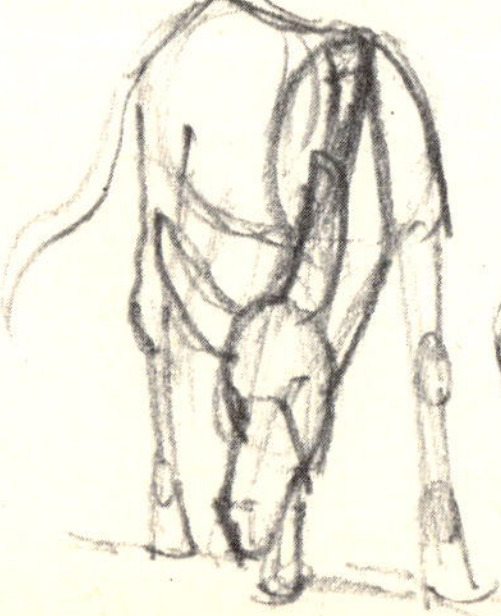

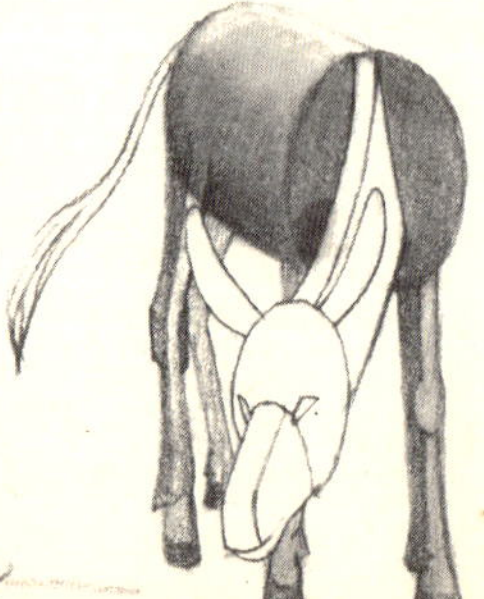

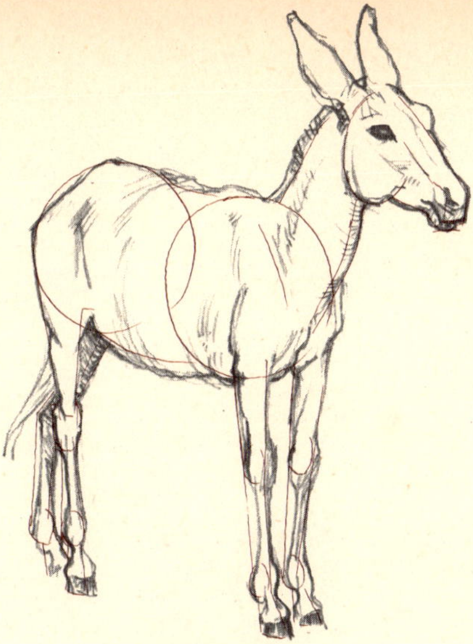

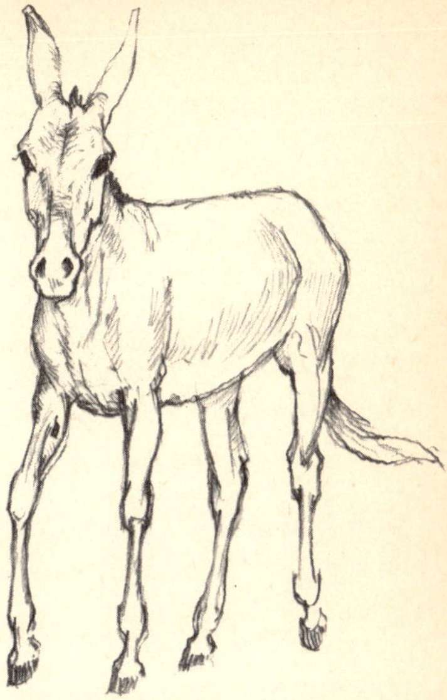

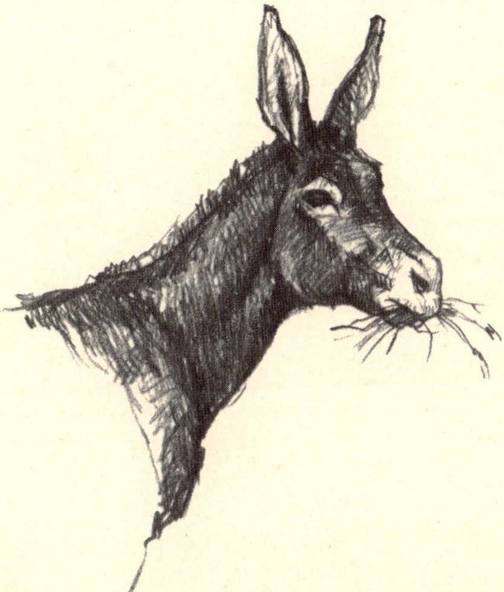

Jetzt versuchen wir wieder, Details zu zeichnen: Den Kopf.
Wir bauen ihn mit seinen speziellen Grundformen auf. Danach vervollständigen wir langsam die Zeichnung. Wir sehen die Umrisse genauer.

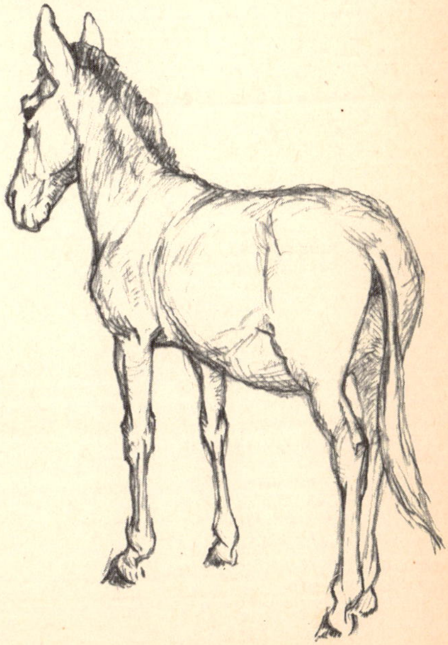

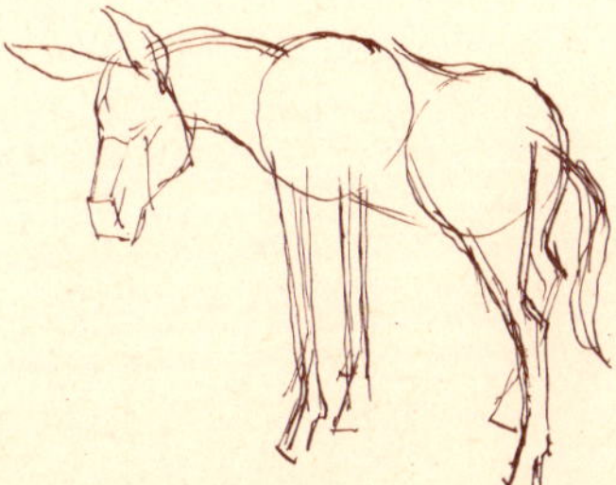

Hund

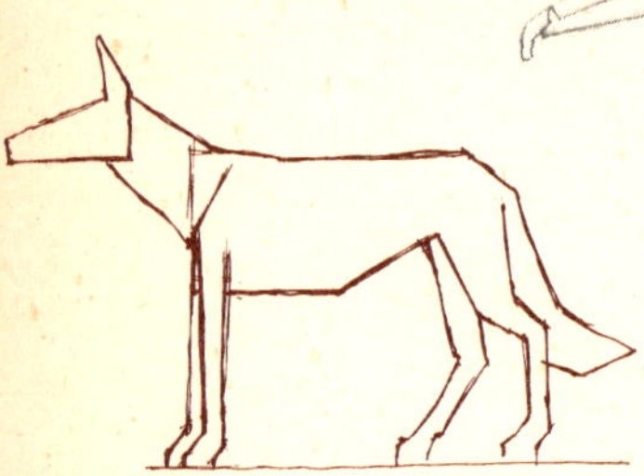

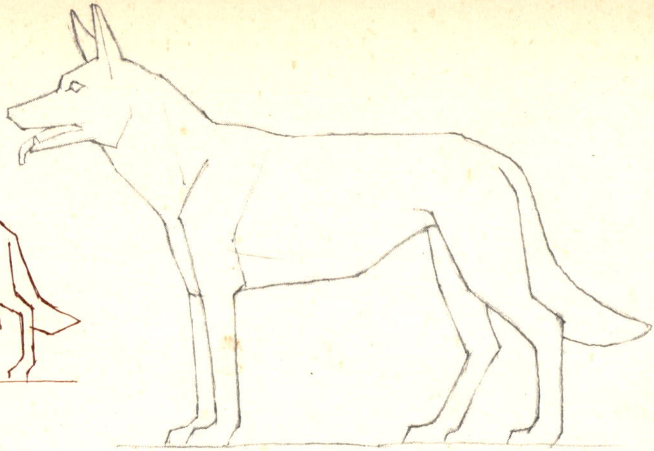

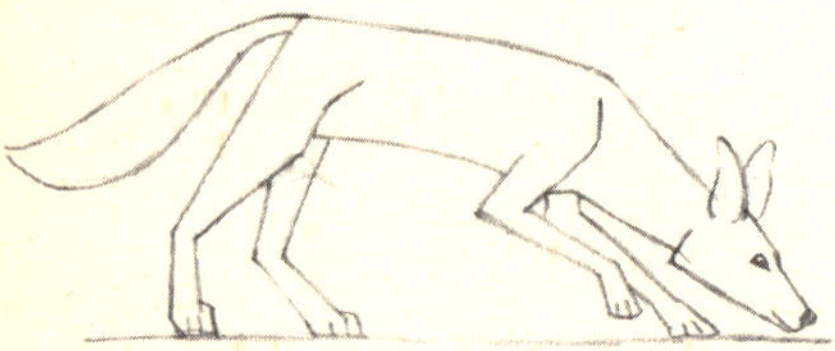

Sein Stammvater ist der Wolf: Er kann sehr schnell laufen. Deshalb ist der Brustkorb mit den Lungen stark ausgebildet.

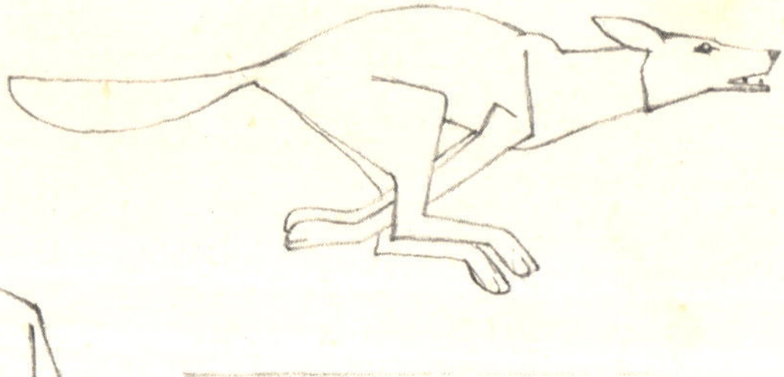

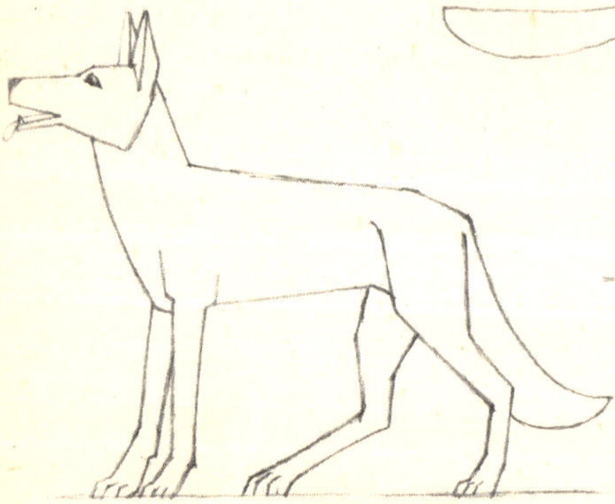

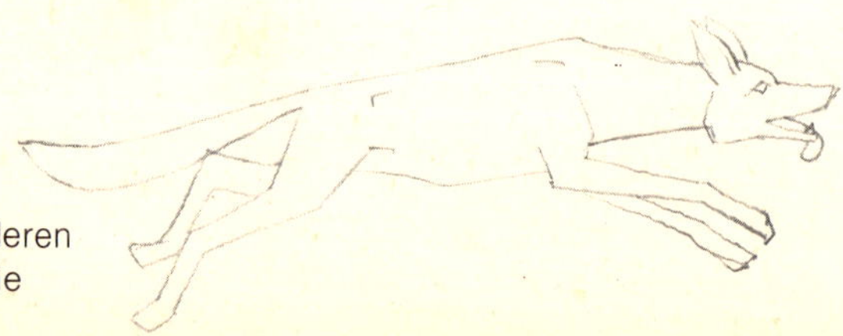

Wir versuchen es auch mit anderen Hunderassen und probieren, die Grundformen zu erkennen.

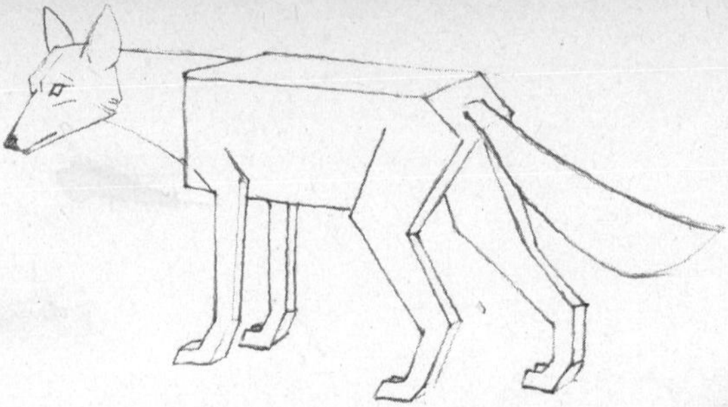

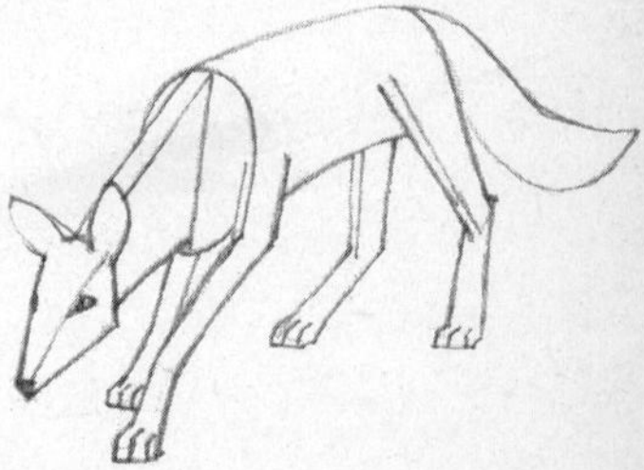

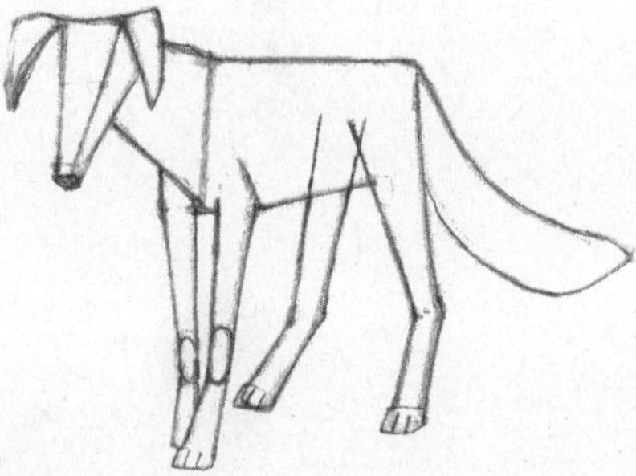

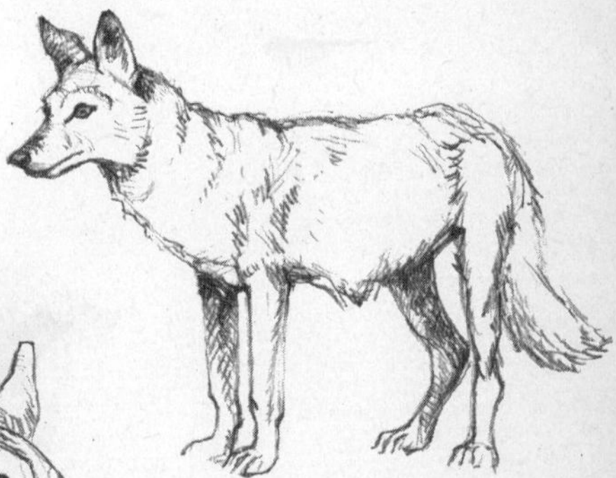

Wir bauen einen Hund aus Klötzen zusammen.
Danach bekleiden wir ihn mit einem Haarkleid und versuchen leichte Schattierungen.

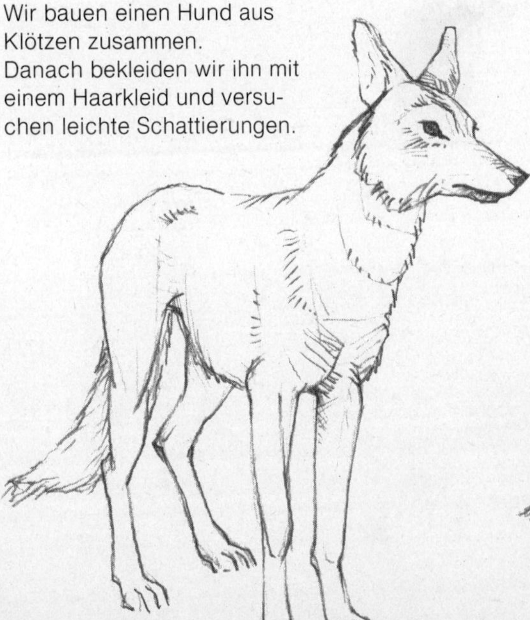

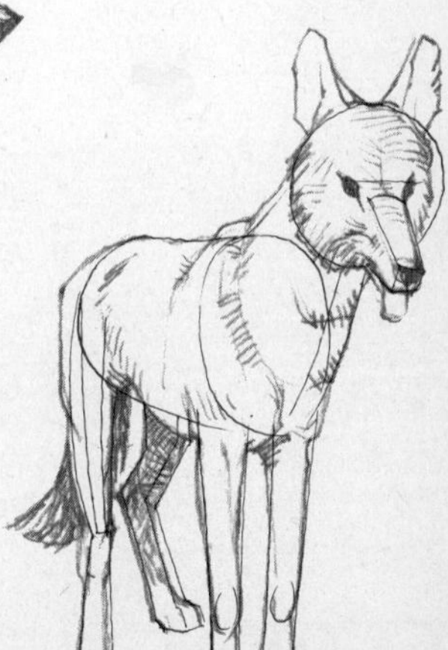

So verschieden die Hunde der einzelnen Rassen sind, so unterschiedlich sind auch ihre geometrischen Grundformen!

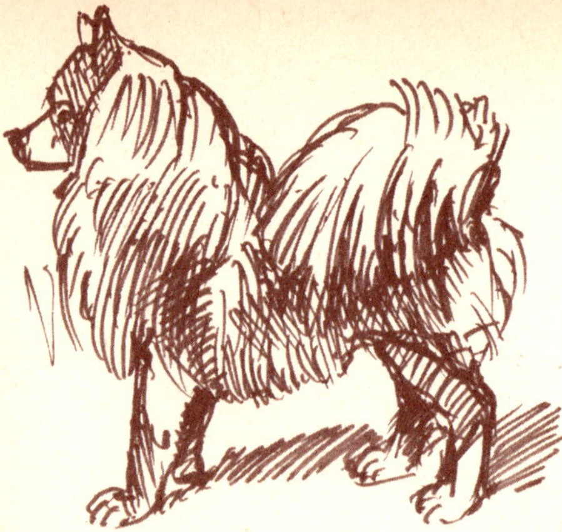

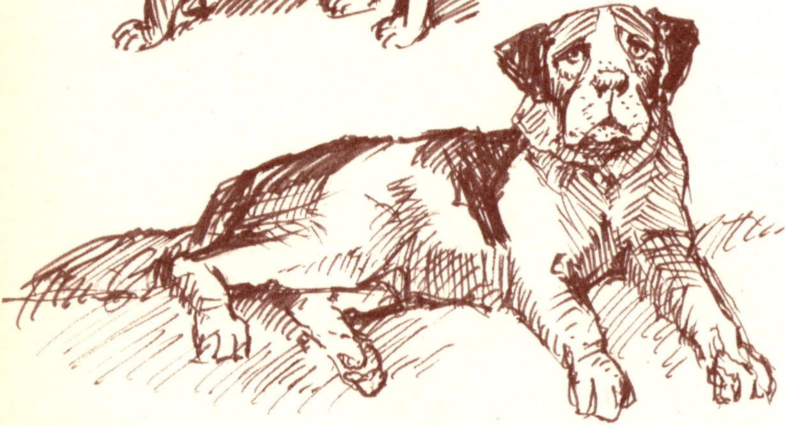

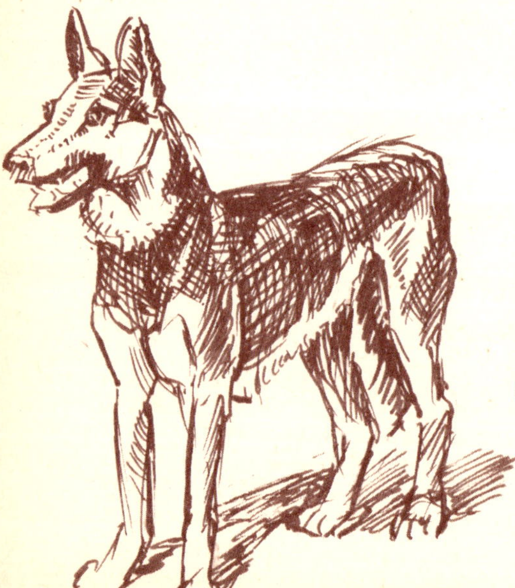

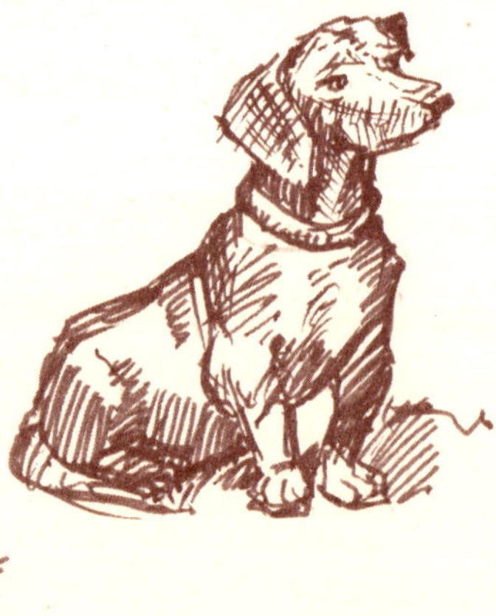

Wieder ein Skizzenblatt,
diesmal mit verschiedenen
Katzenarten.

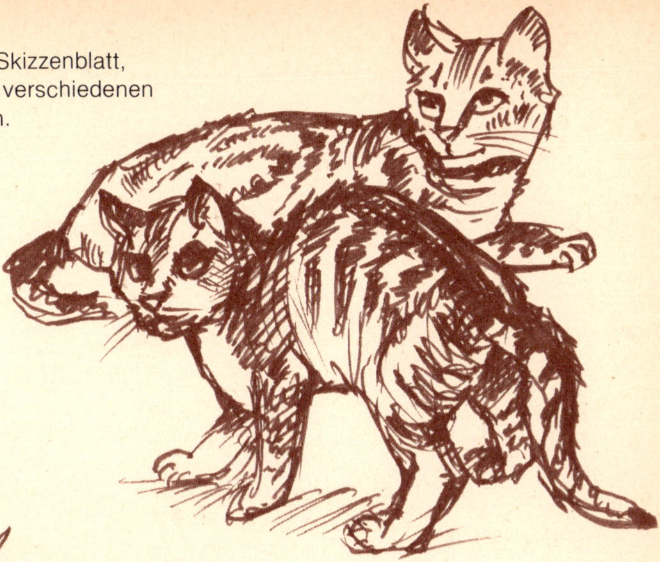

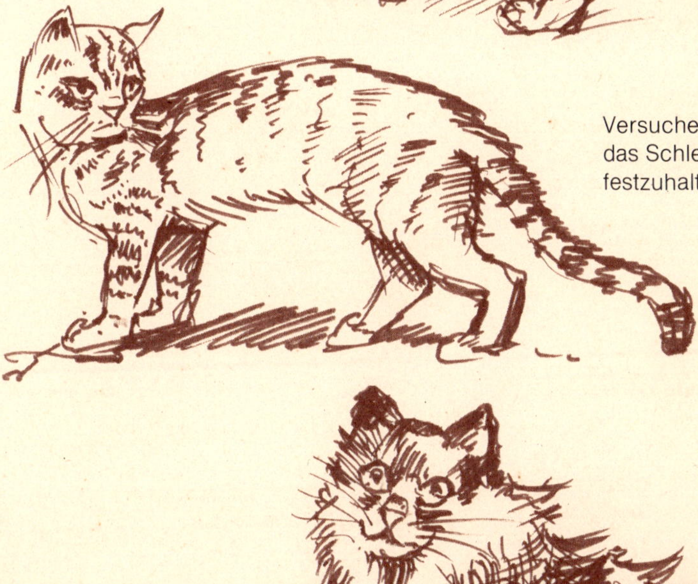

Versuchen wir auch einmal,
das Schleichen der Katze
festzuhalten!

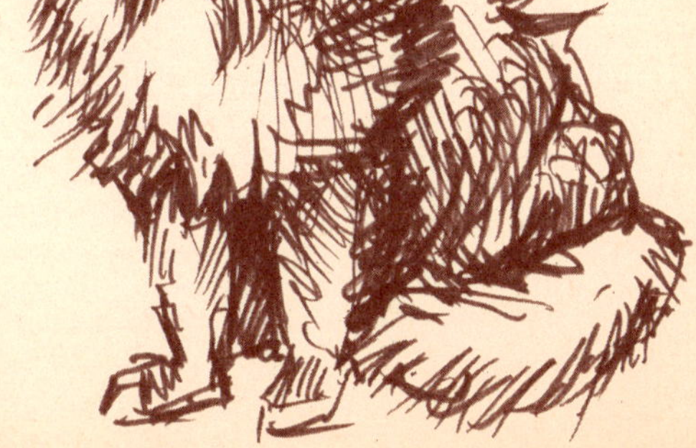

Oder ihre Treuherzigkeit!

Katze

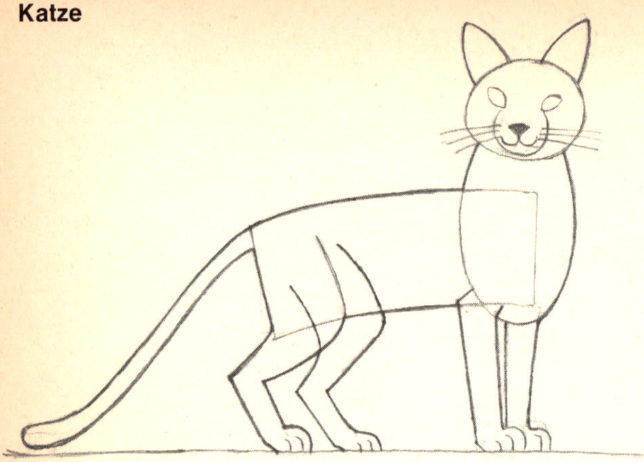

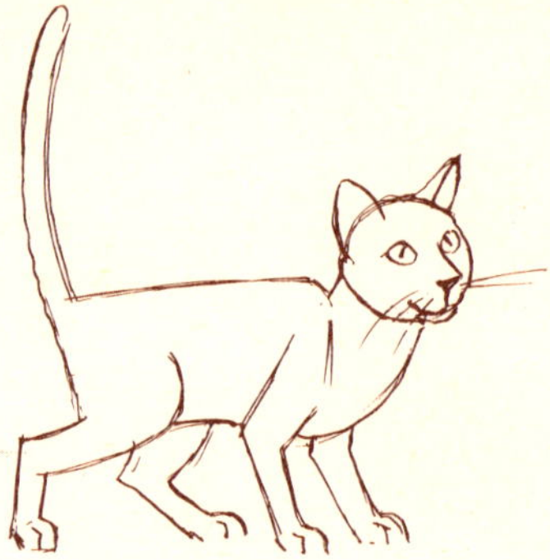

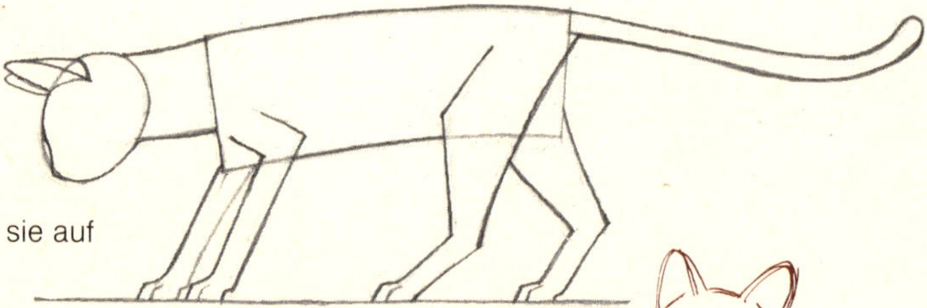

Auf leisen Sohlen geht sie auf Mäusejagd.

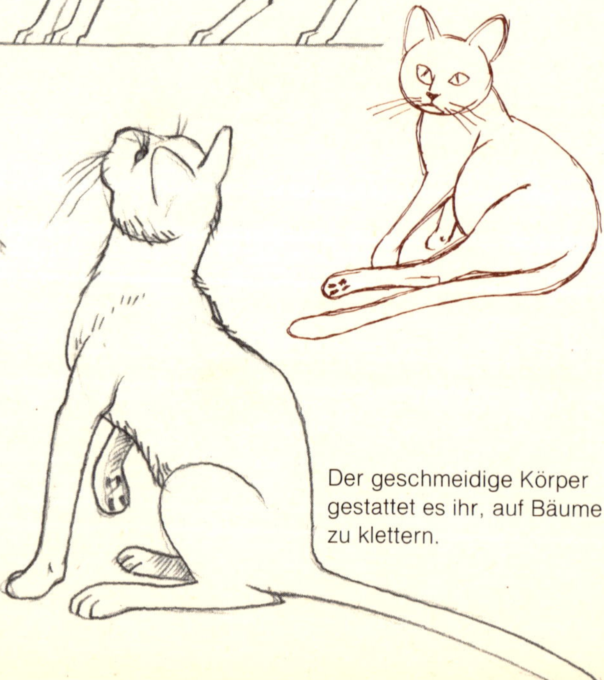

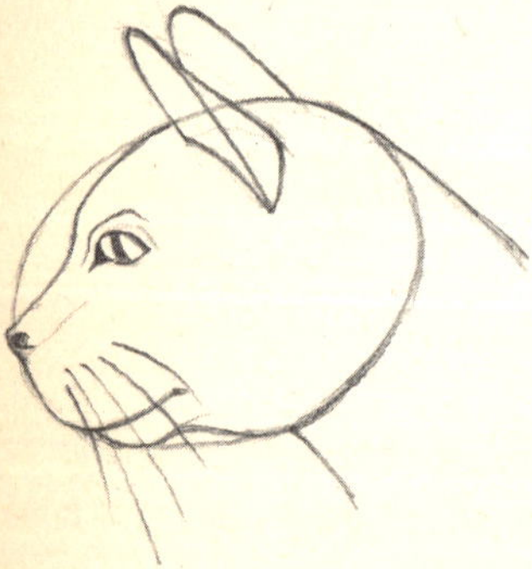

Vergleichen wir einmal ihren Kopf mit dem des Hundes.

Der geschmeidige Körper gestattet es ihr, auf Bäume zu klettern.

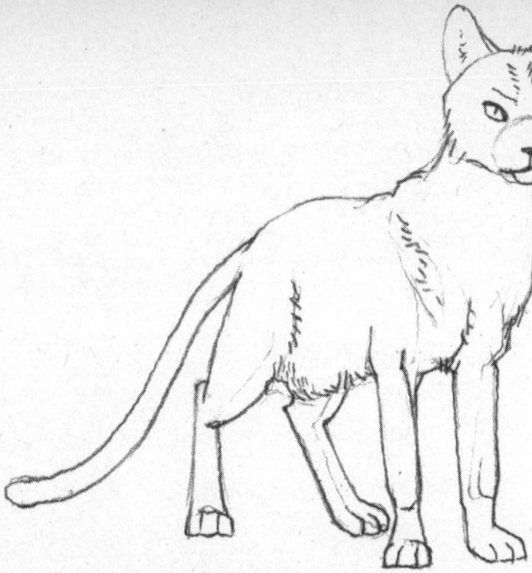
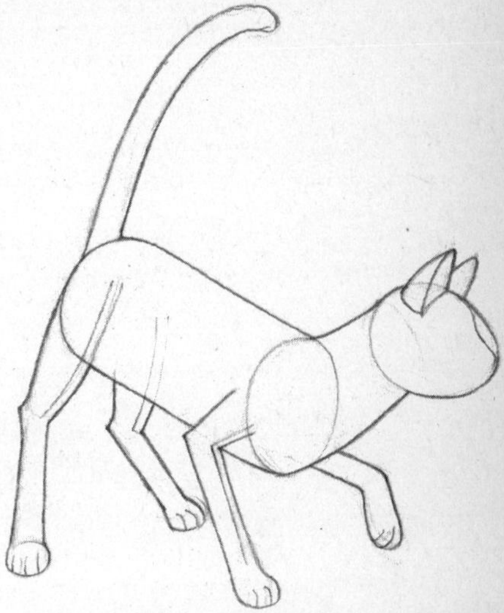
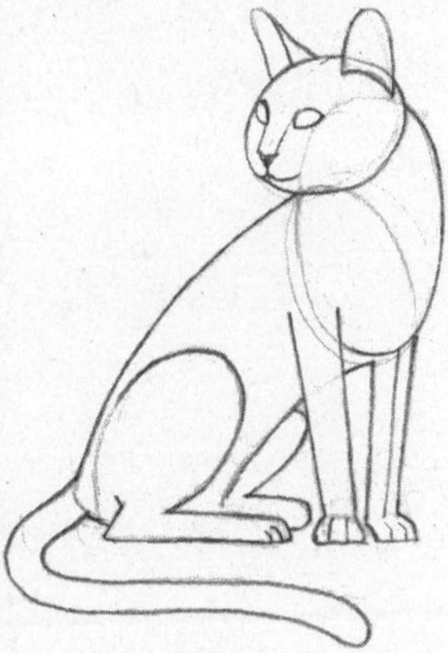
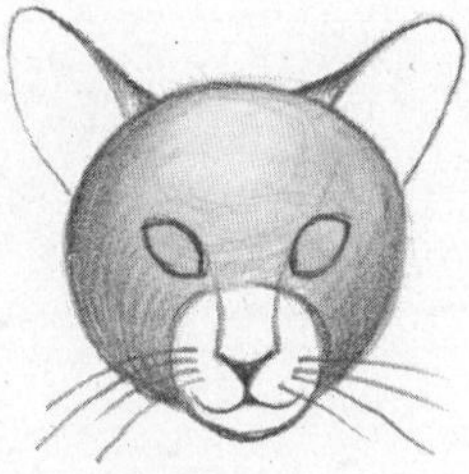
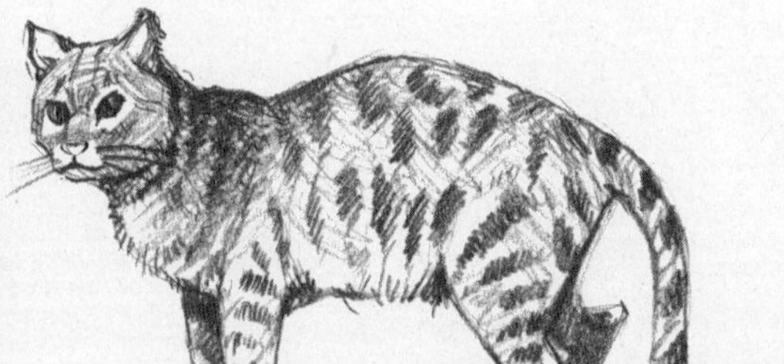
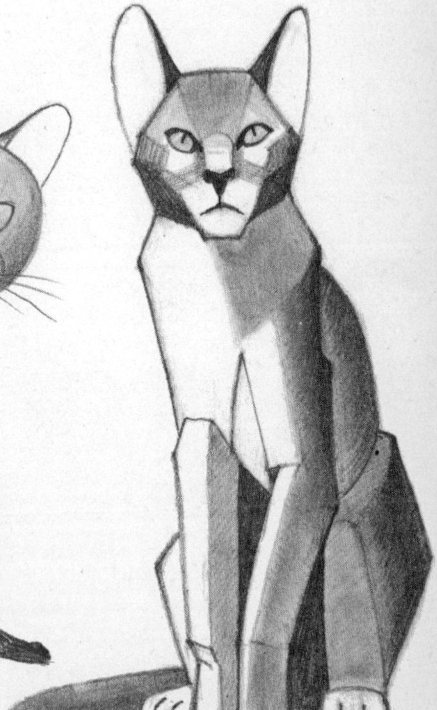

Jetzt probieren wir, den Körper der Katze wie aus Holz geschnitzt zu zeichnen. Dabei fassen wir große Flächen zusammen.

Schwein

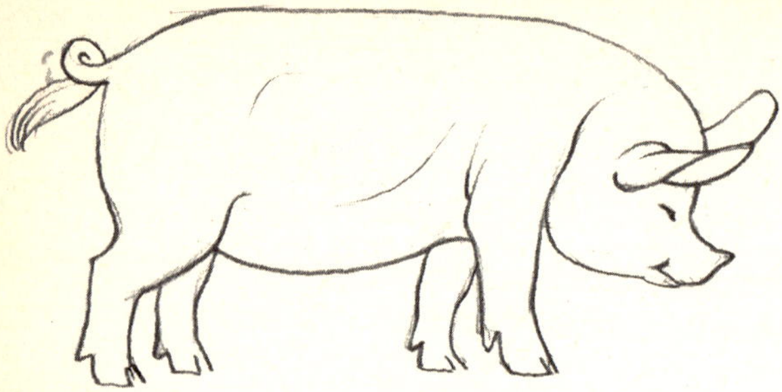

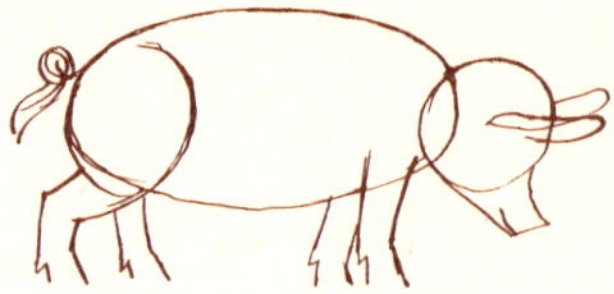

Der Kopf kann aus dem Kreis konstruiert werden, der Leib aus einer langgezogenen Ellipse.

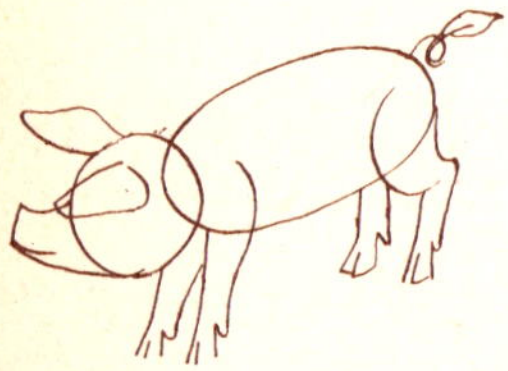

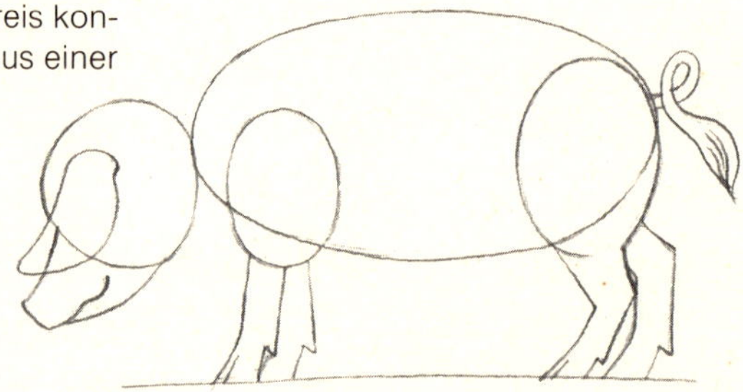

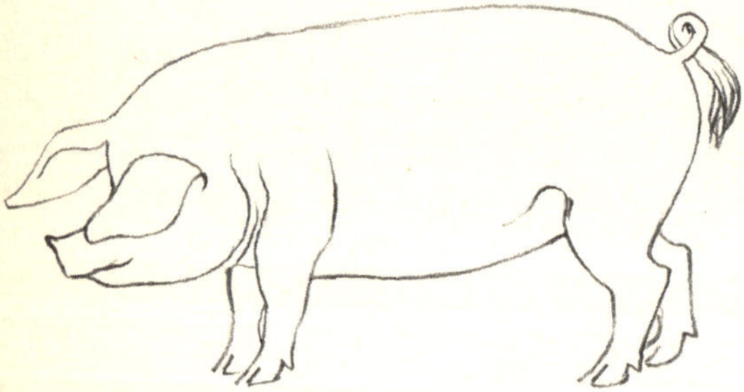

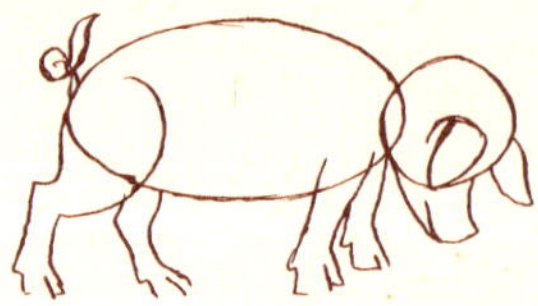

Das Schwein hat Hufe, die in der Mitte geteilt sind.

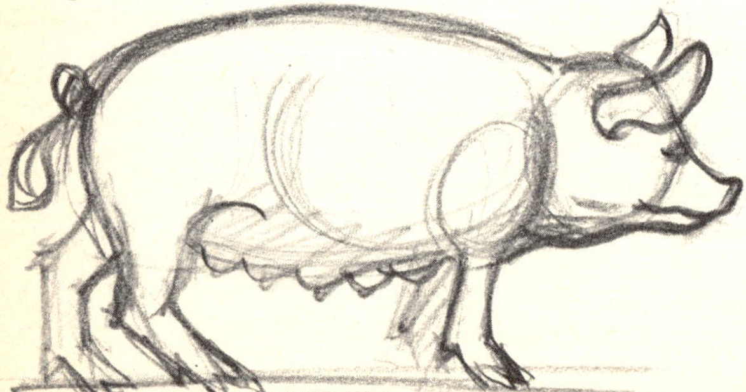

Und das Ringelschwänzchen darf natürlich auch nicht fehlen!

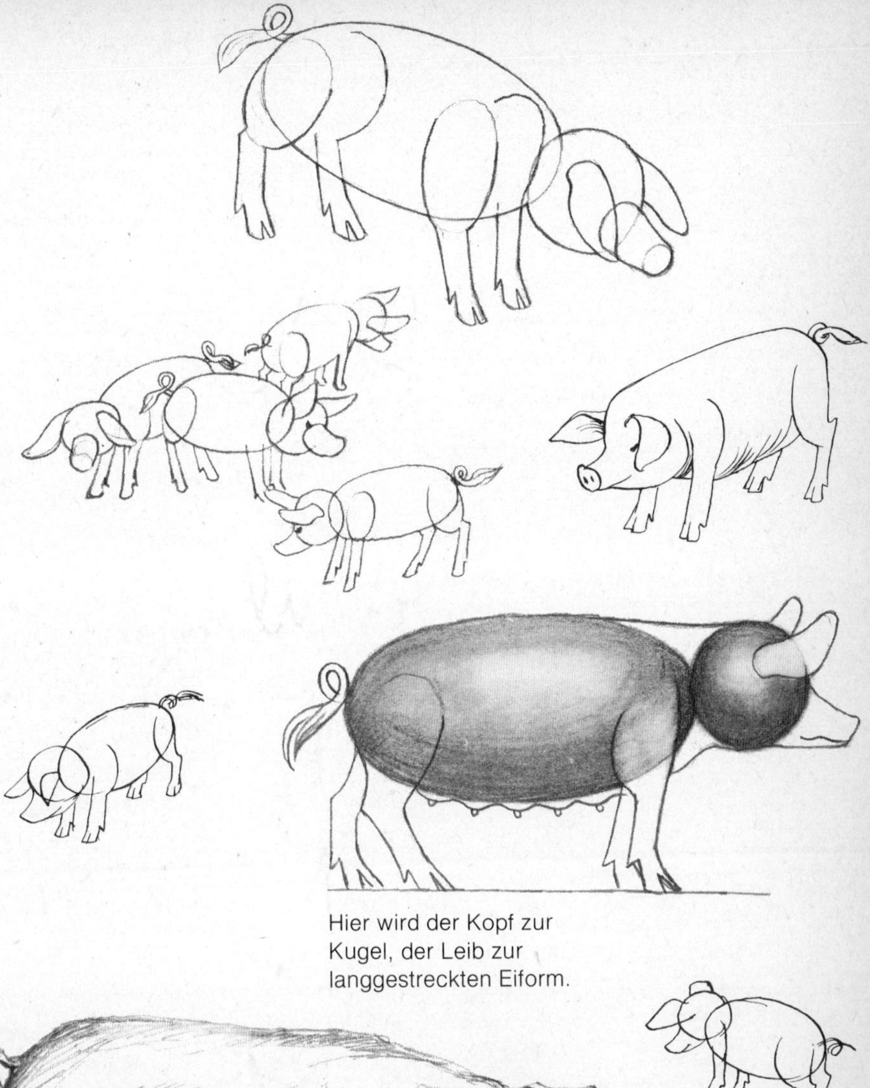

Hier wird der Kopf zur
Kugel, der Leib zur
langgestreckten Eiform.

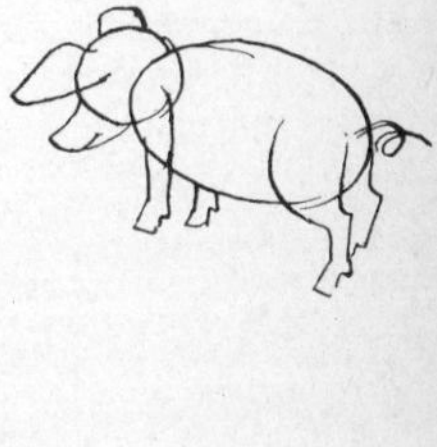

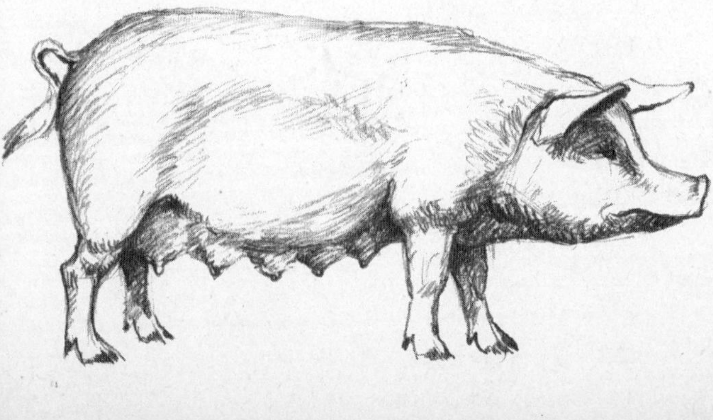

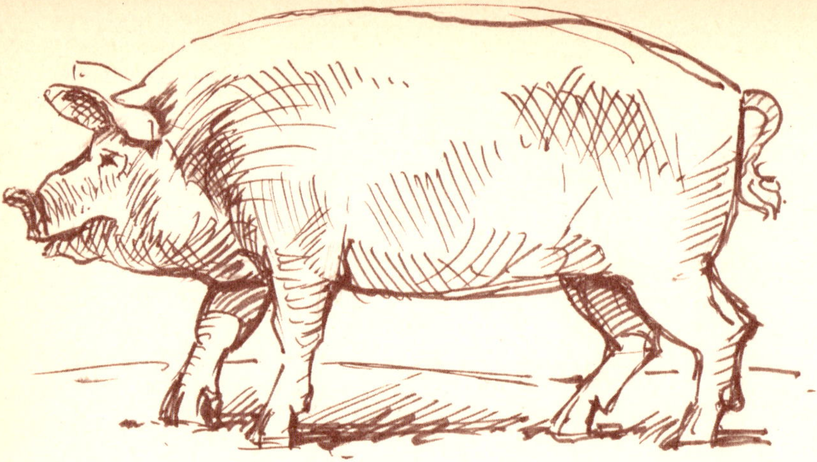

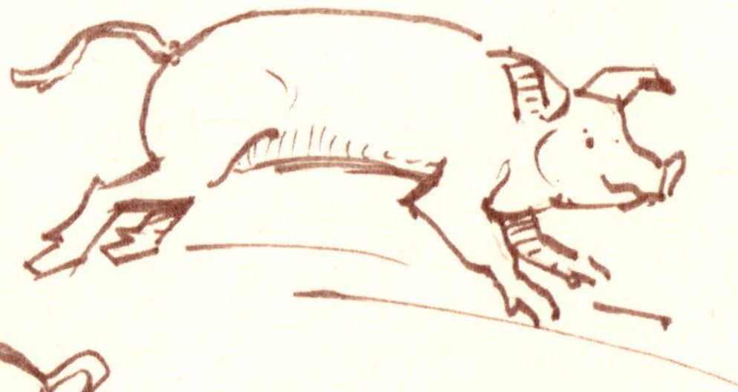

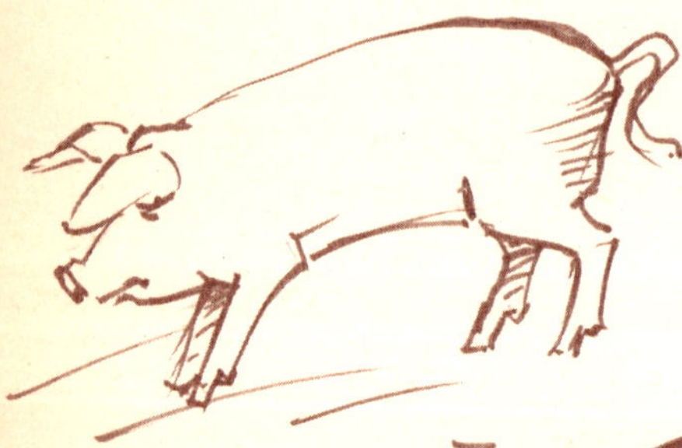

Unser Zeichner hat die Schweine auf dem Bauernhof besucht. Sie sonnten sich gerade im Morast... Der weiche Zeichenstift gleitet leicht über das Papier.

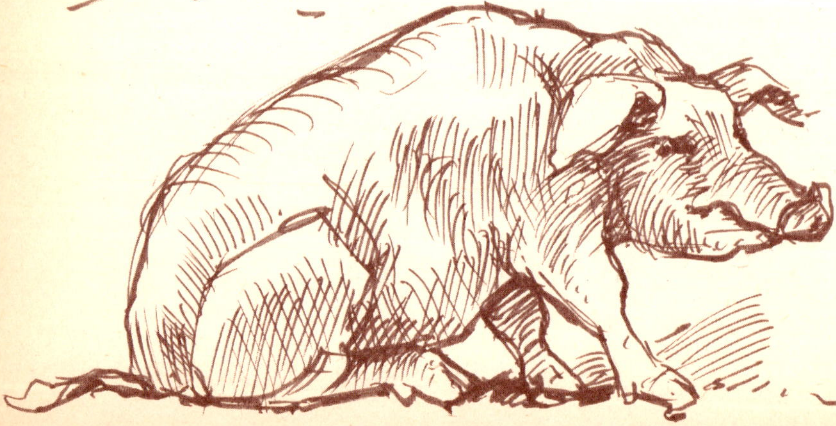

Das Schaf auf der Weide.

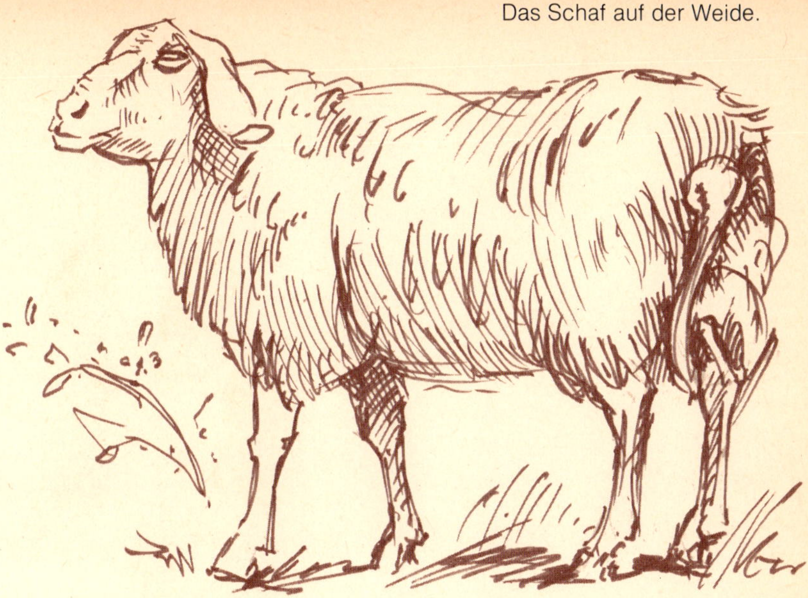

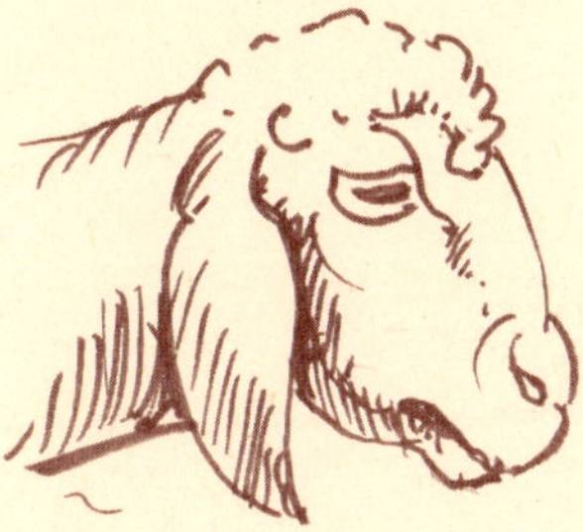

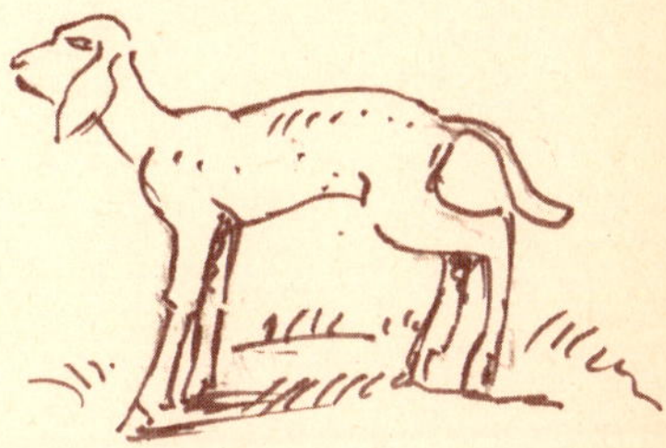

Unser Zeichner versuchte, die Hilflosigkeit eines kleinen Schäfchens einzufangen, wie es nach der Mutter Ausschau hält.

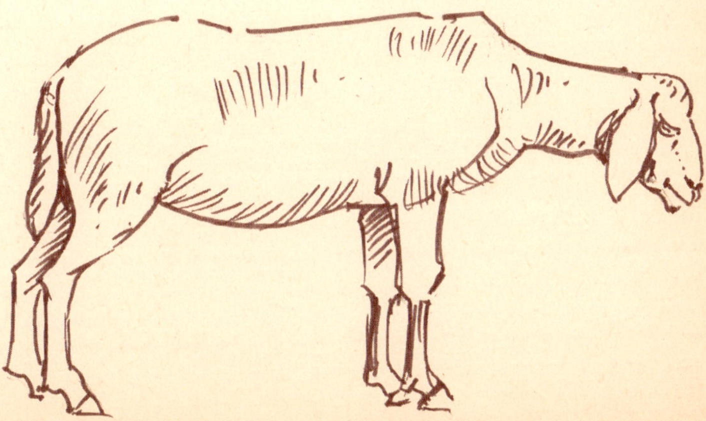

Schaf

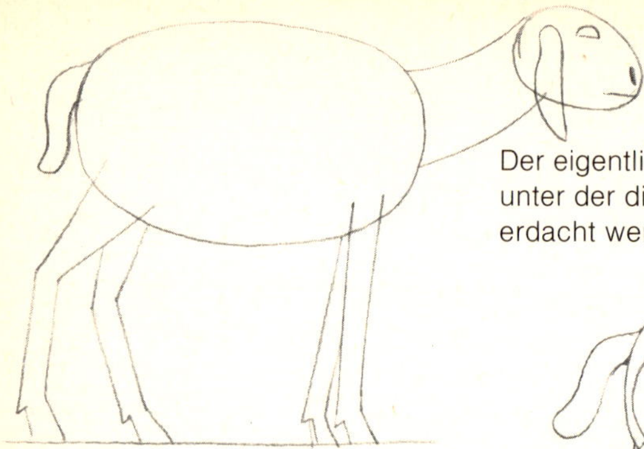

Der eigentliche Körperbau muß unter der dichten Wolle gesucht und erdacht werden.

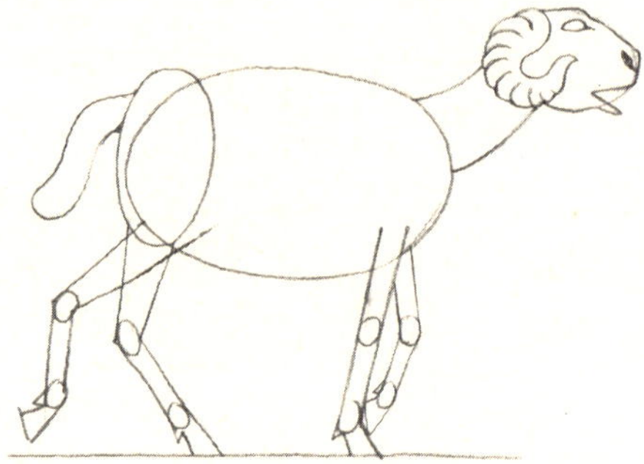

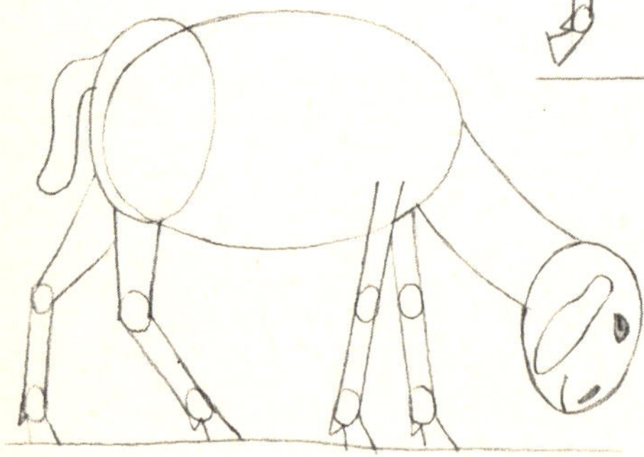

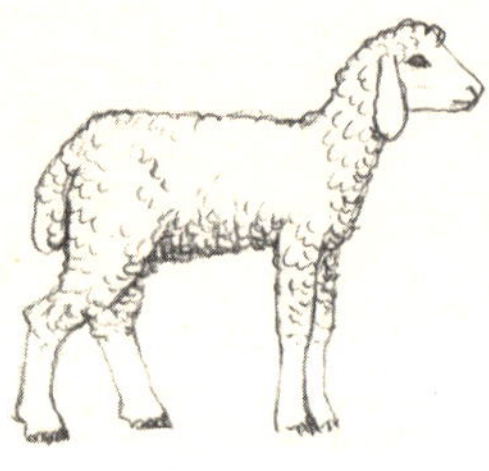

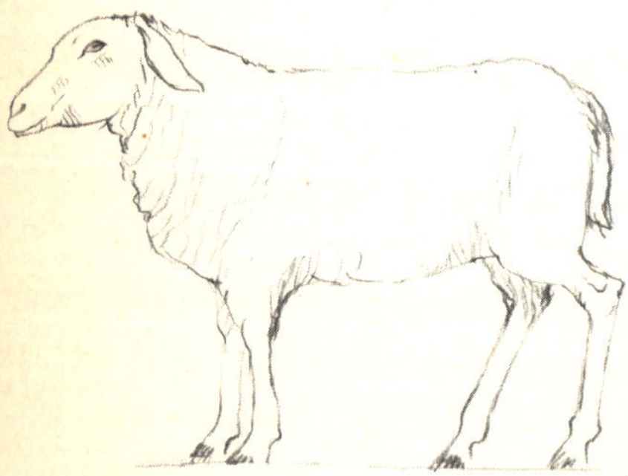

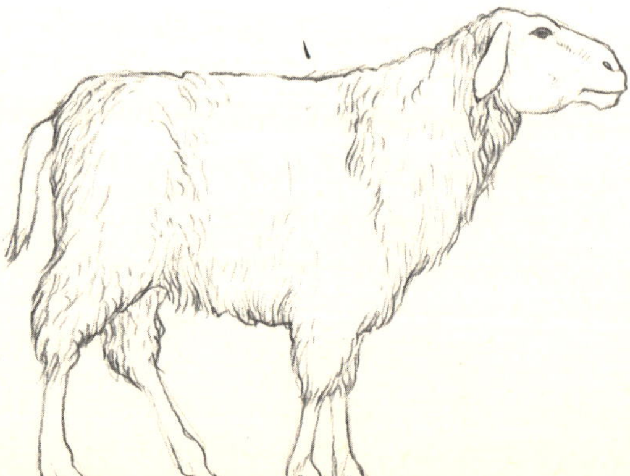

Wenn wir den Körper richtig gezeichnet haben, können wir ihn mit dem wolligen Pelz bekleiden.

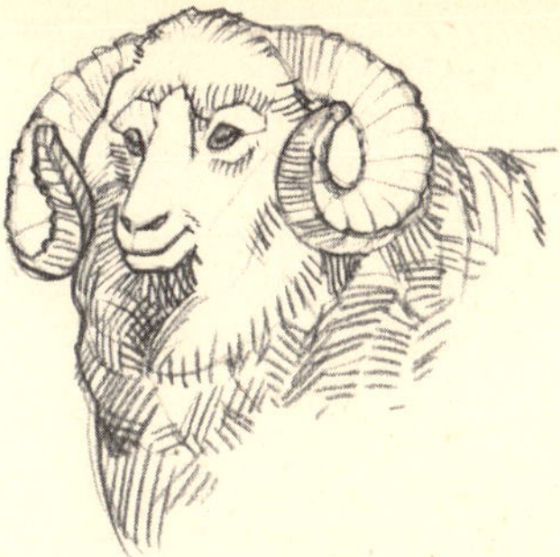

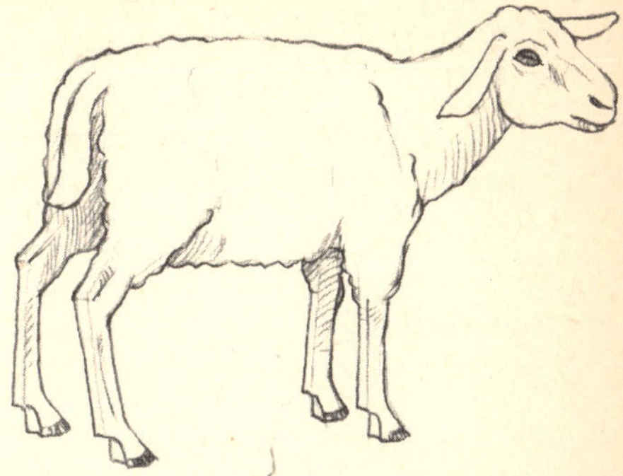

Die wolligen Haare können aber auch schon mit in die geometrische Grundform einbezogen werden.

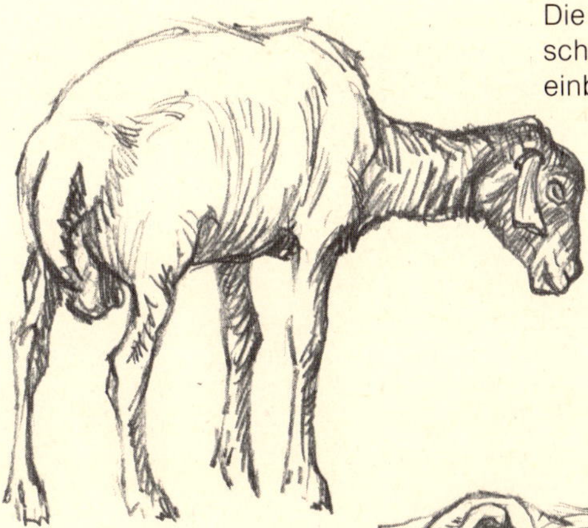

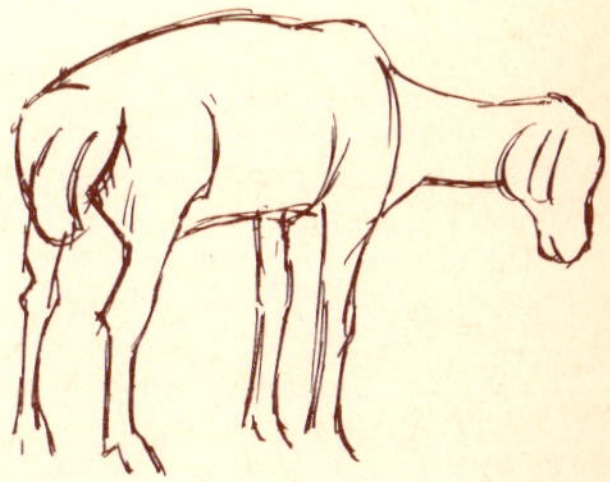

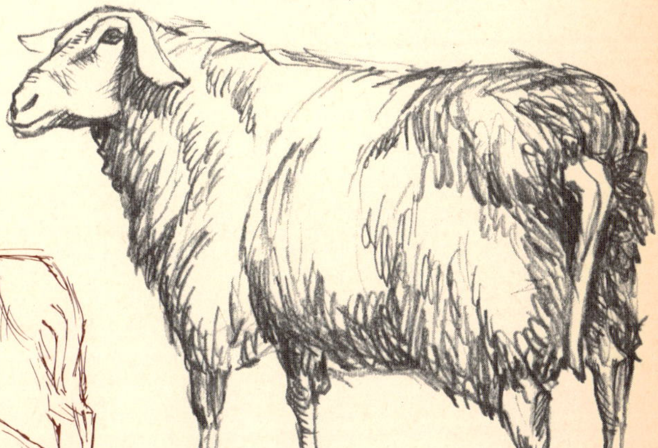

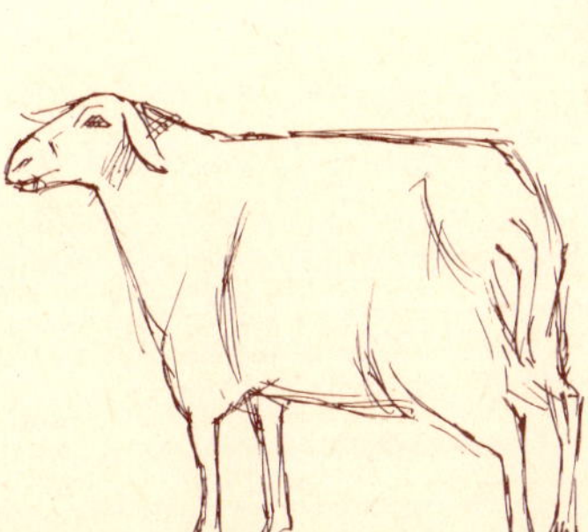

Auch das Schaf hat gespaltene Hufe!

Ziege

Der Körper ist viel eckiger als der des Schafes.

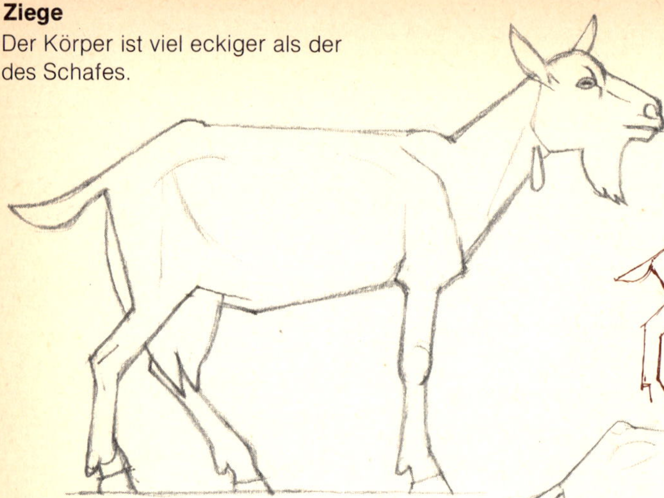

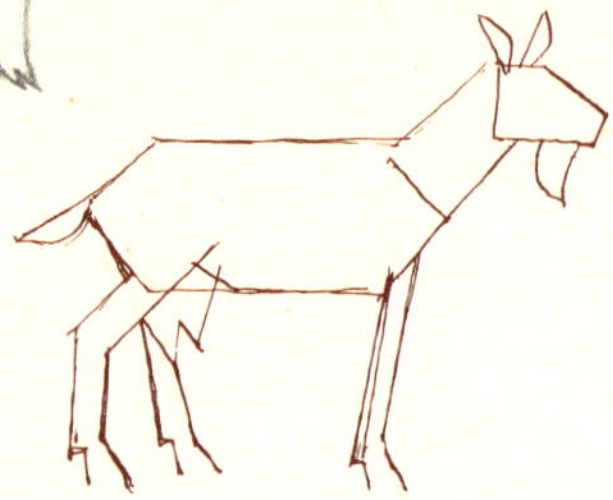

Wie das Schaf, so hat auch die Ziege gespaltene Hufe.

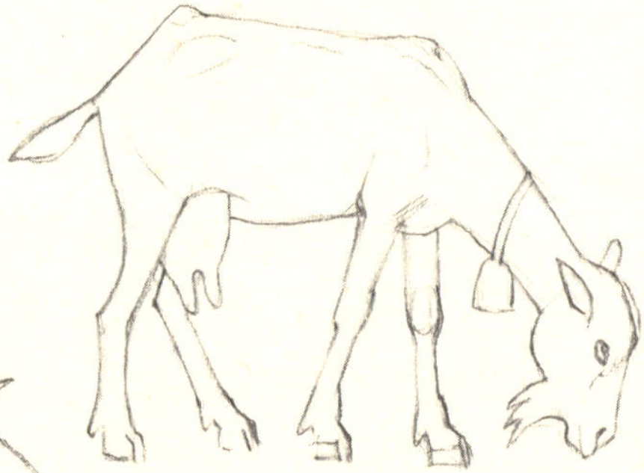

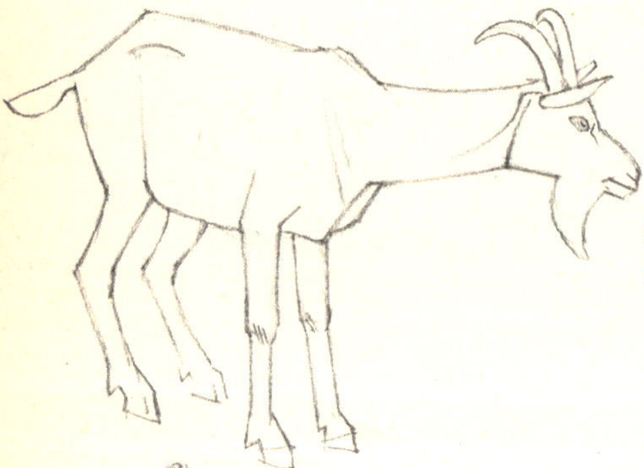

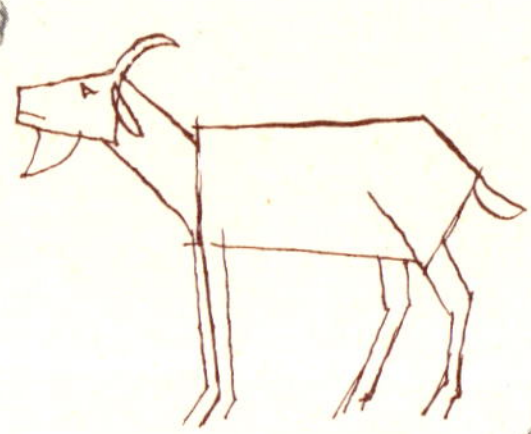

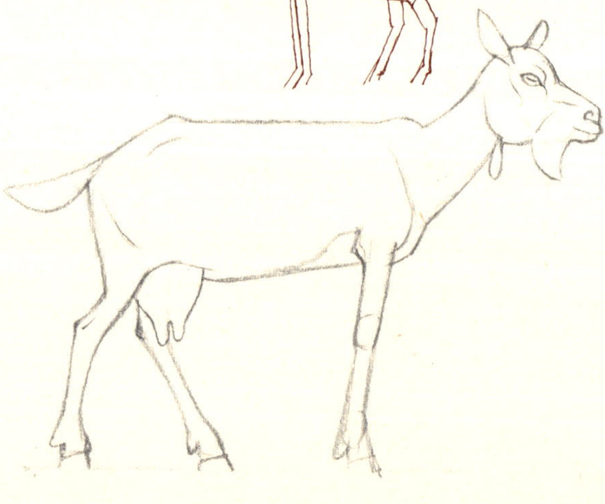

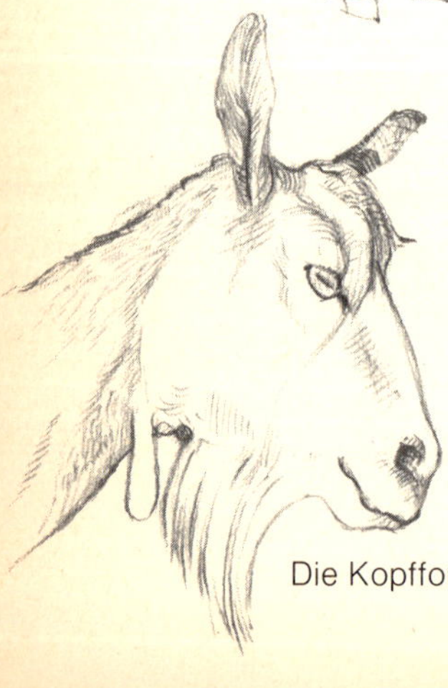

Die Kopfform ist anders.

So entsteht die räumliche Darstellung der Ziege. Hörner und Bart nicht vergessen!

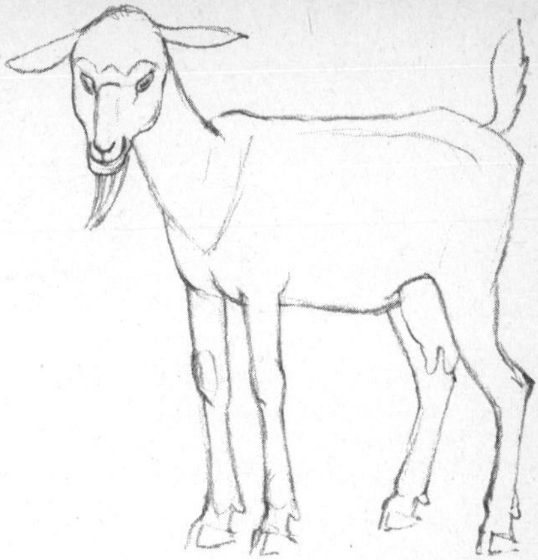

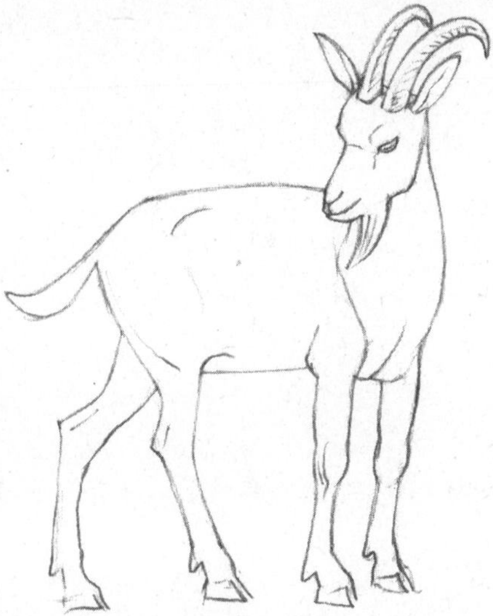

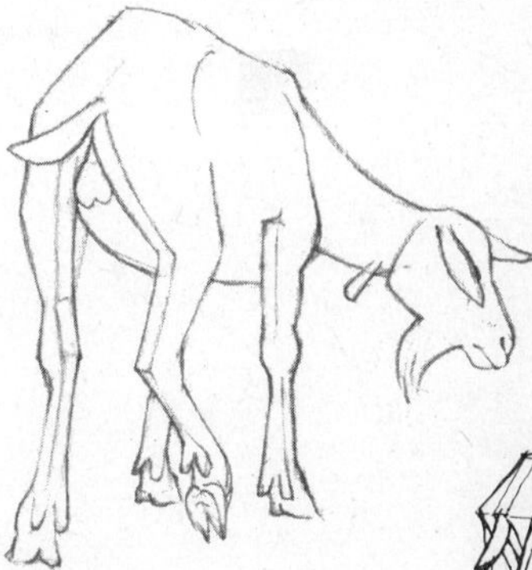

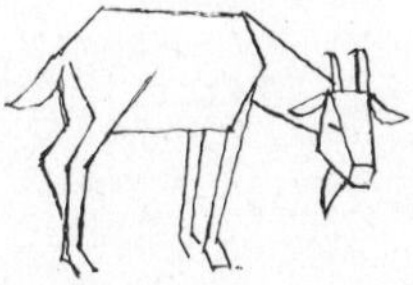

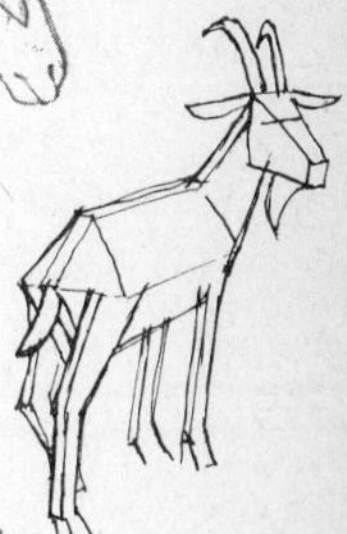

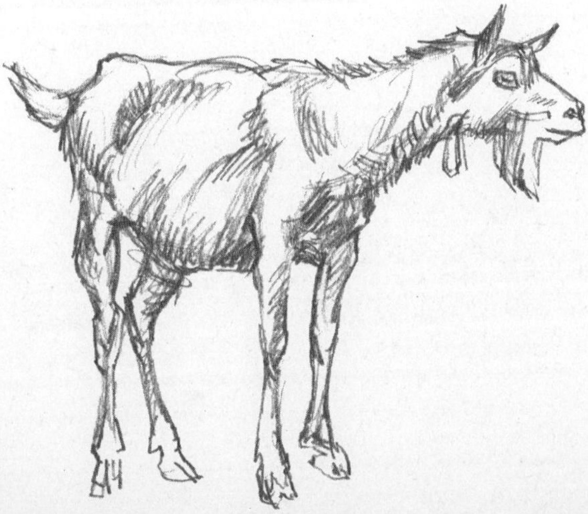

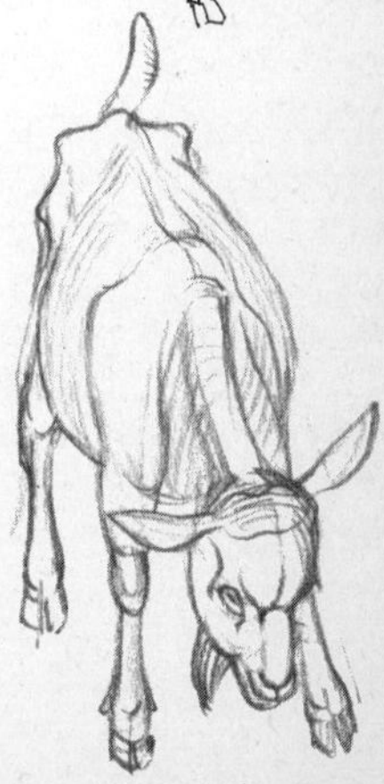

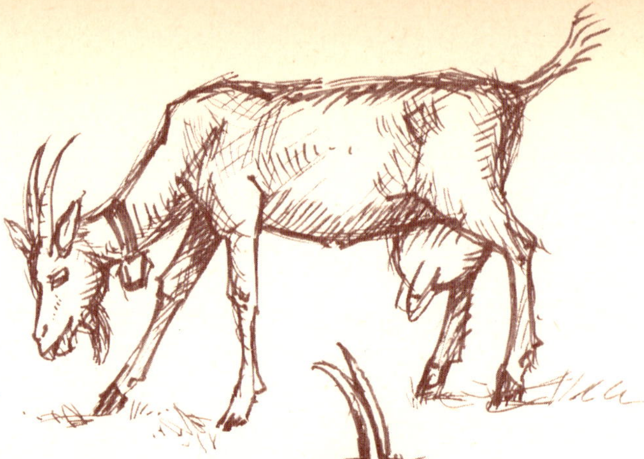

Unser Zeichner ist zu den Ziegen ins Gebirge hinaufgestiegen.

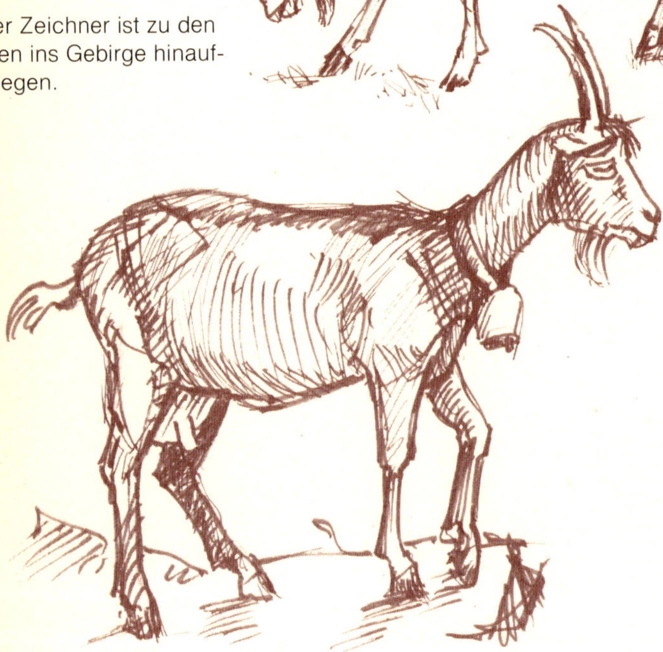

Wer Wanderungen unternimmt, sollte immer einen kleinen Skizzenblock in der Tasche haben. Bei einer Rast kann man schnell eine Skizze von einem Tier anfertigen und dann zu Hause daran weiterarbeiten.

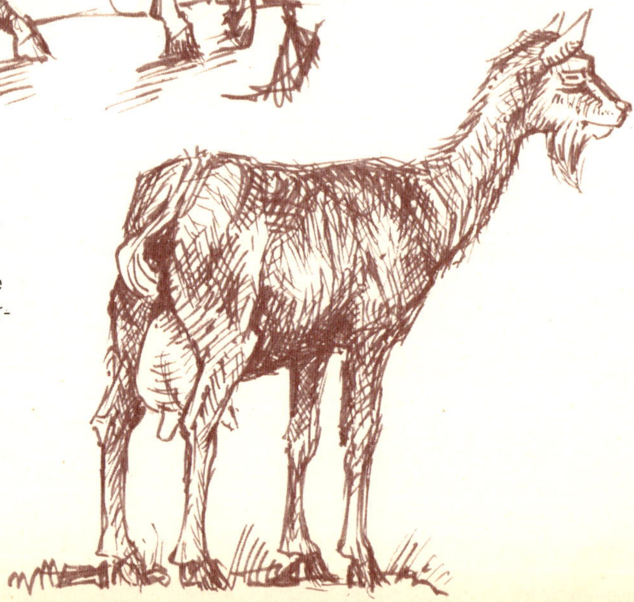

Der Kaninchenstall bietet reiche Möglichkeiten für den gut beobachtenden, entdeckungsfreudigen Zeichner!

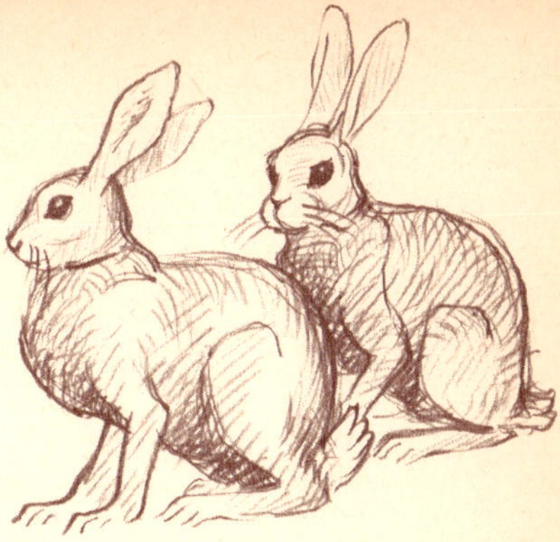

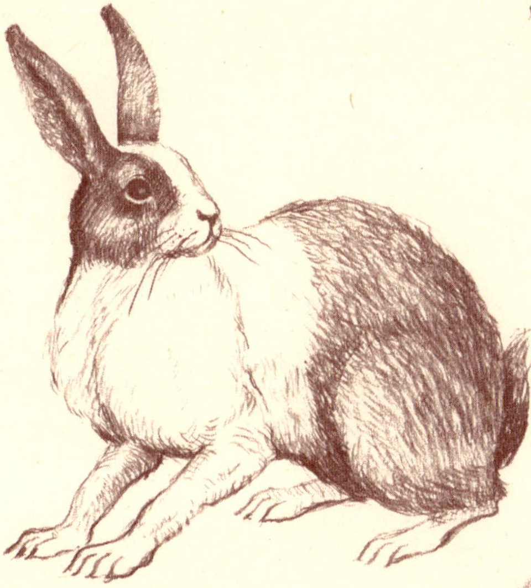

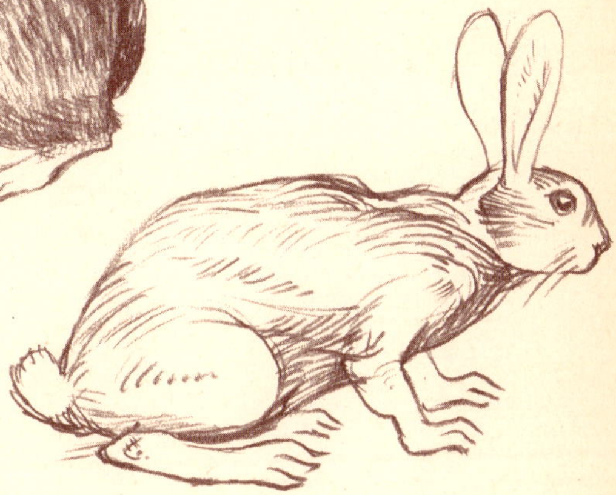

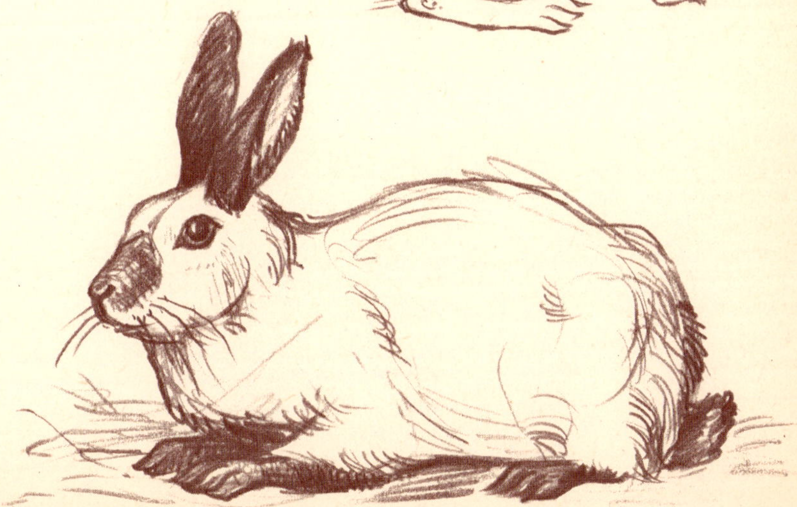

Kaninchen

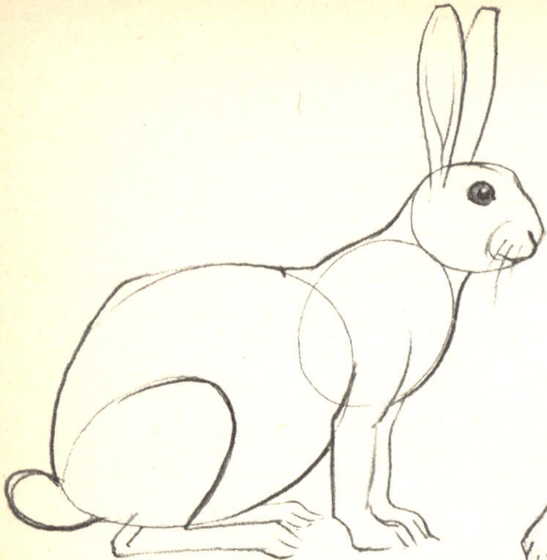

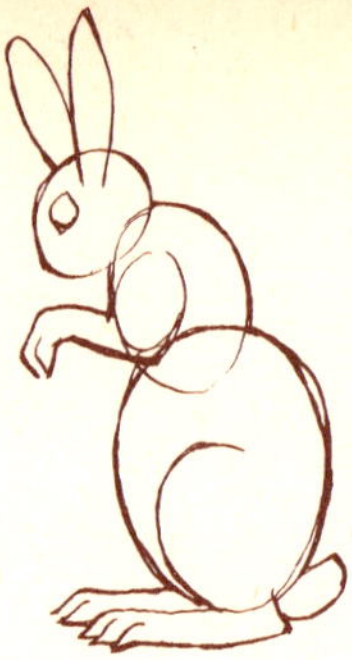

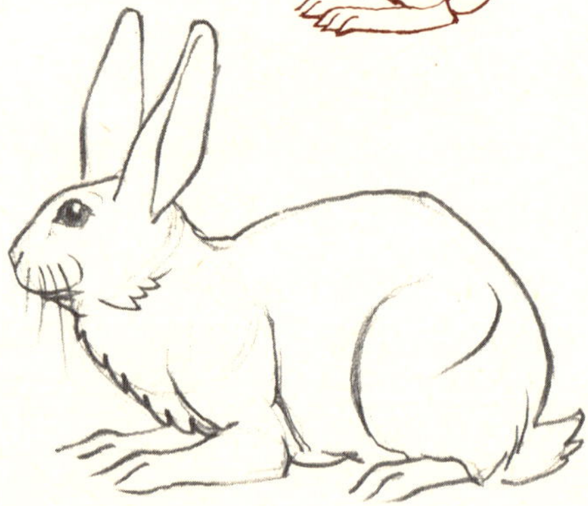

Ellipsen helfen uns dabei, dieses niedliche Tier zu zeichnen.

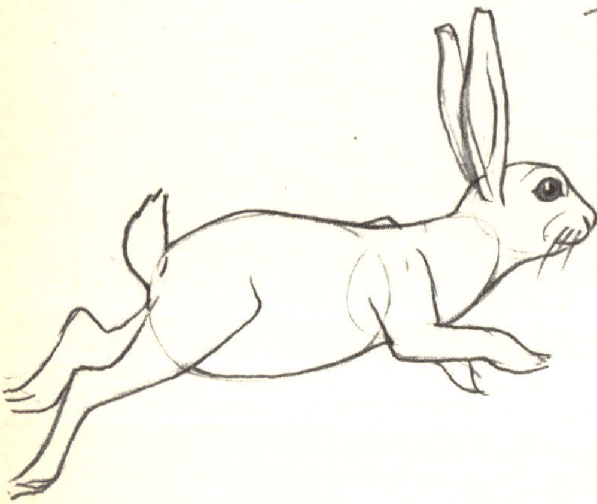

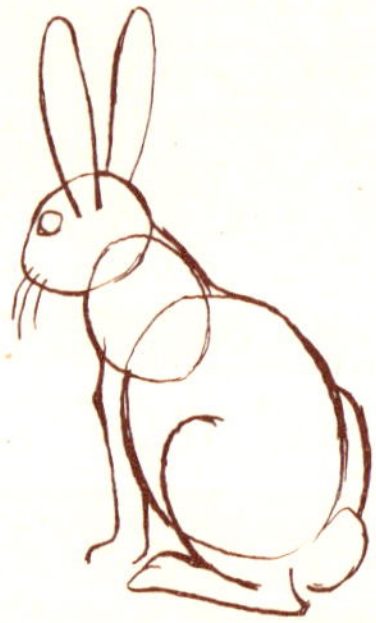

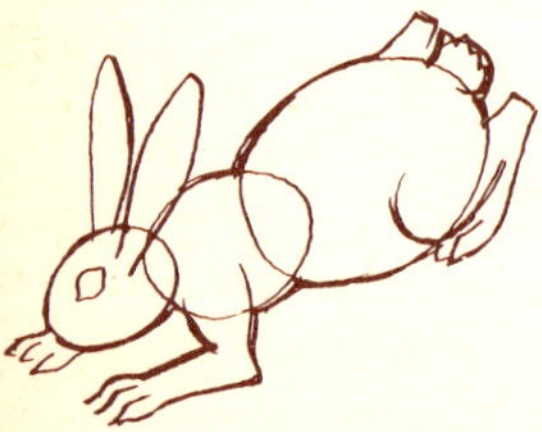

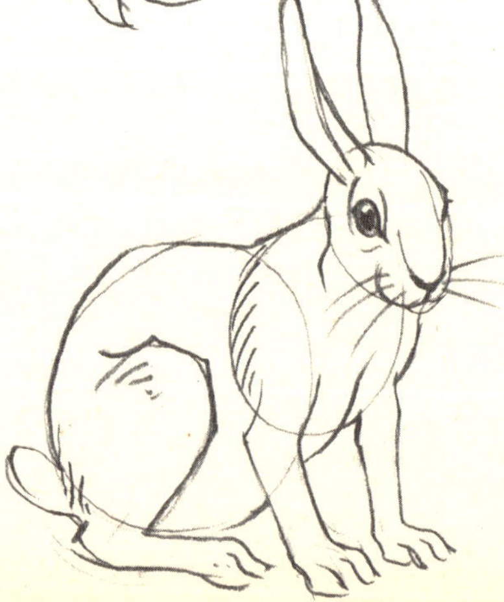

Wenn wir dann die Ellipsen in ihrer Größe richtig zusammenstellen, haben wir schon unser Kaninchen.

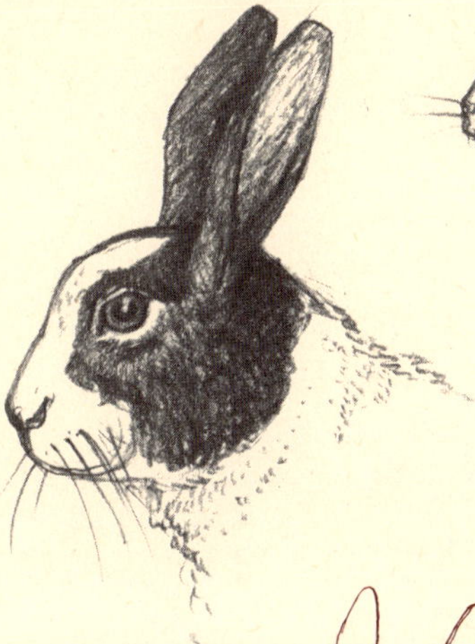

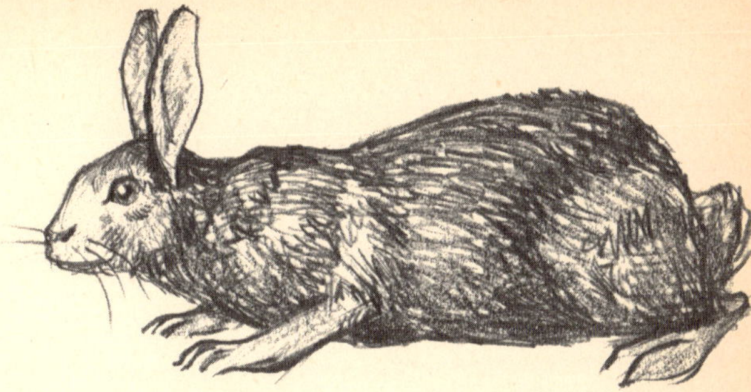

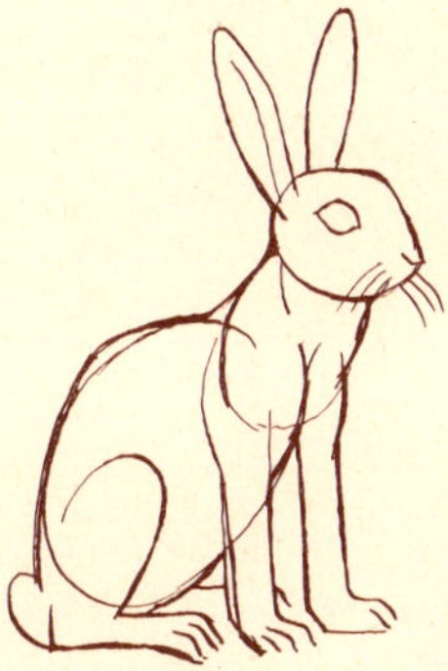

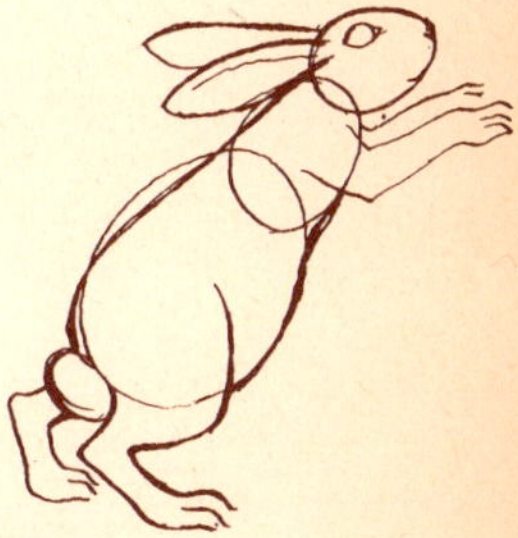

Auch die Form des Kopfes leitet sich von der Ellipse ab.

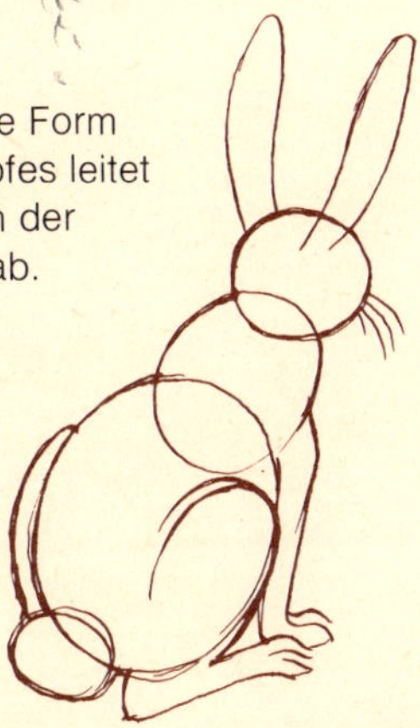

In dieser Stufe wird aus der Ellipse ein Ei.

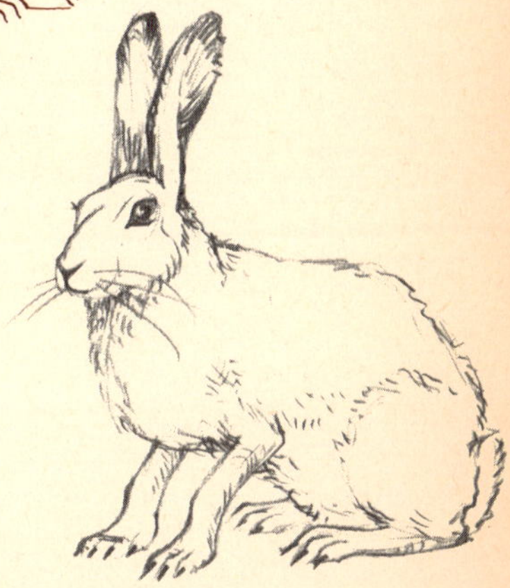

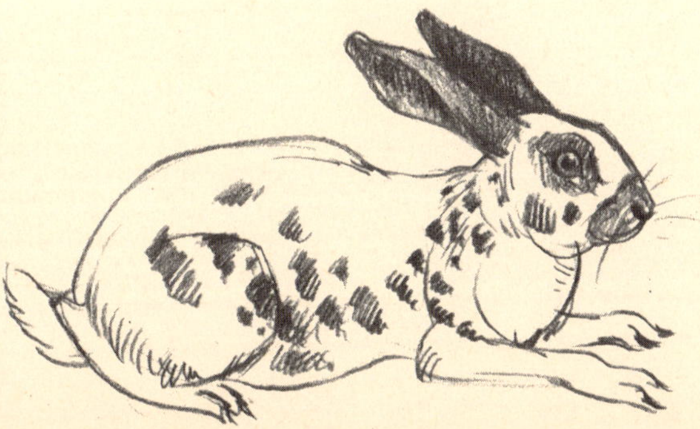

Huhn

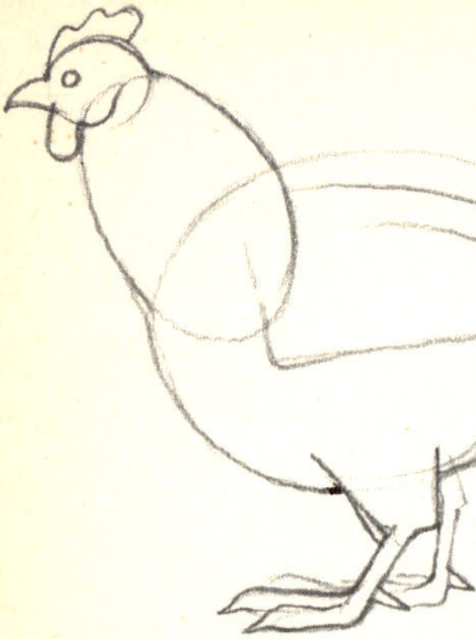

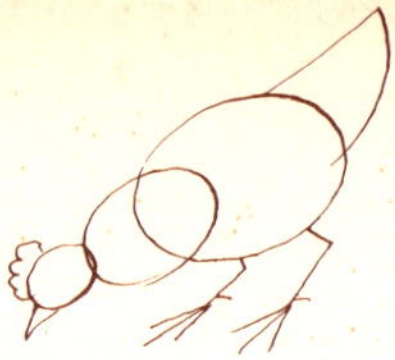

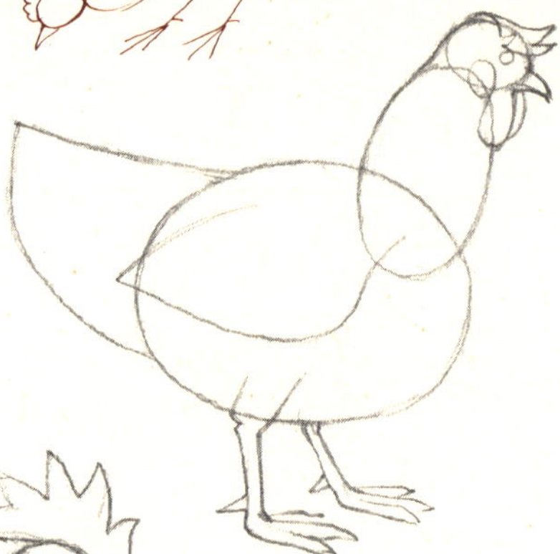

Mit einem Kamm auf dem Kopf und einem stolzen Federbusch kommt der Hahn daher. Die Henne dagegen hat ein ganz anderes Federkleid.

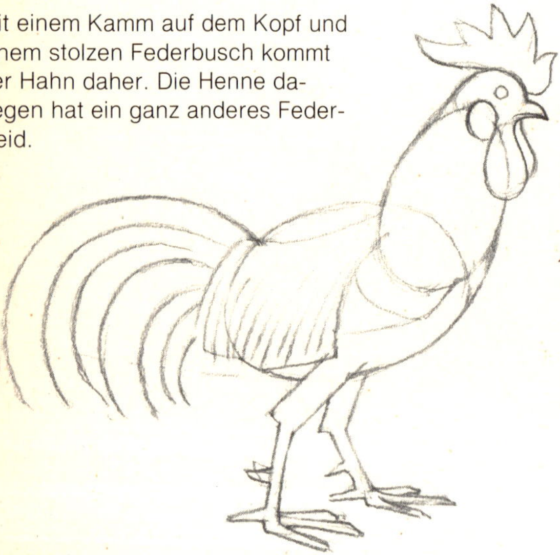

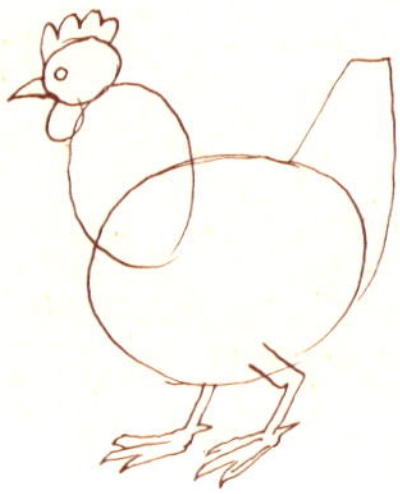

Welch ein Unterschied zwischen Hahn und Huhn!

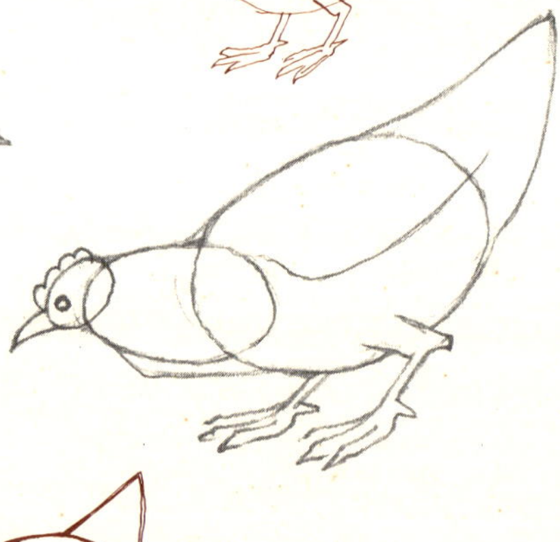

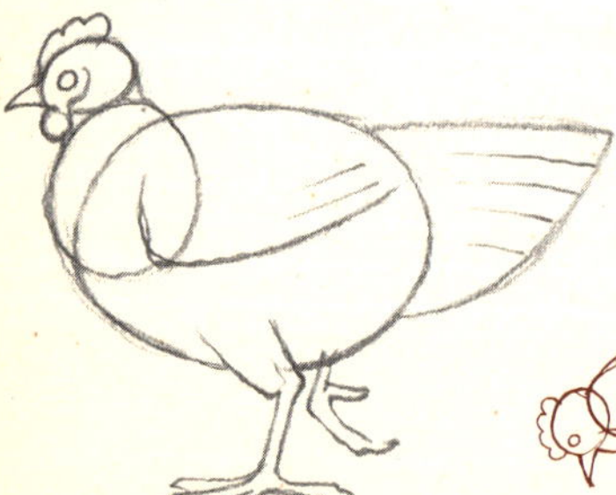

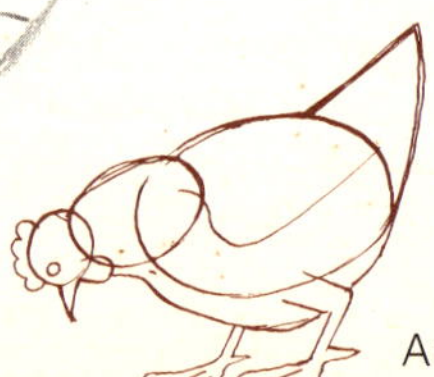

Auch die Henne bauen wir wieder auf der Ellipse auf.

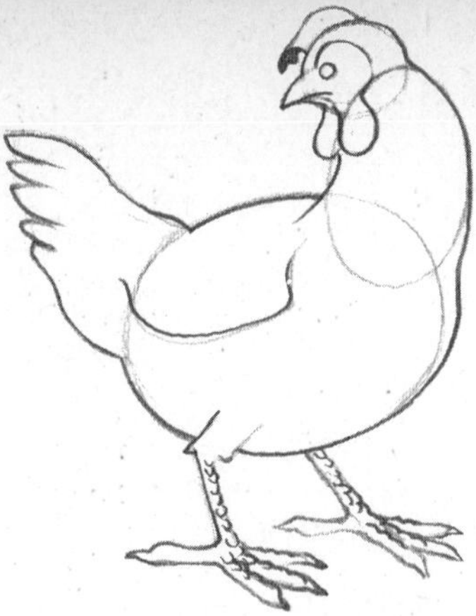

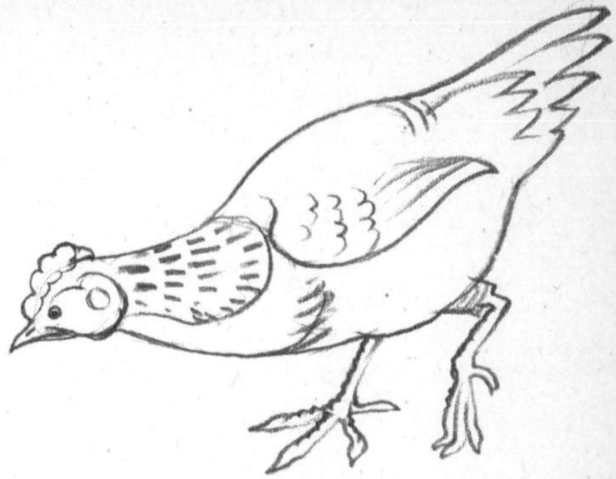

Aus der Ellipse wird ein Ei, wie bekannt. Danach deuten wir die Einzelheiten des Gefieders an.

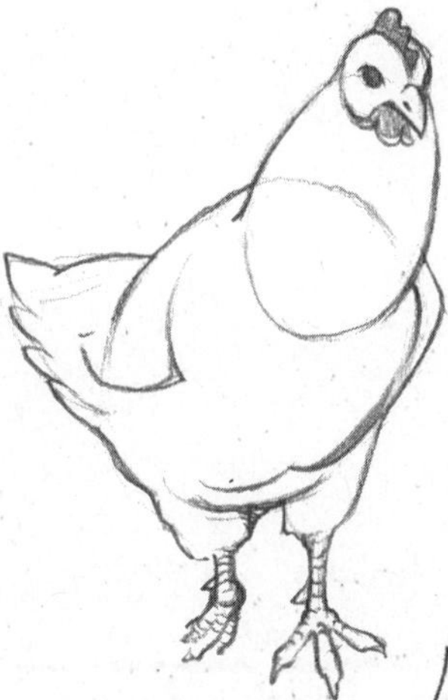

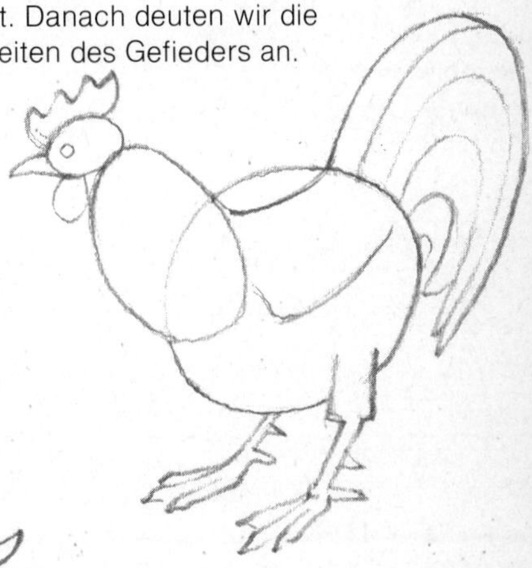

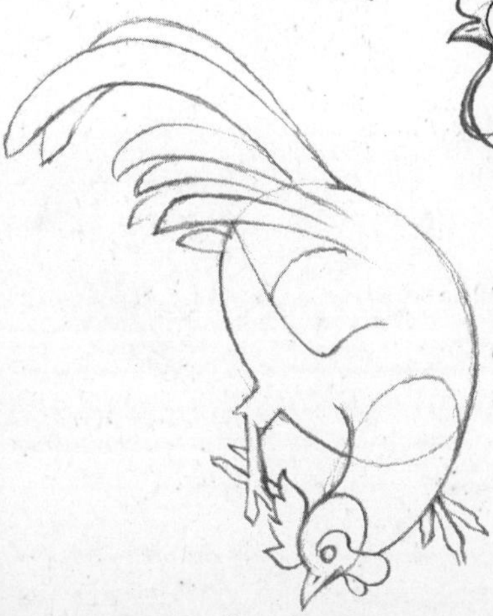

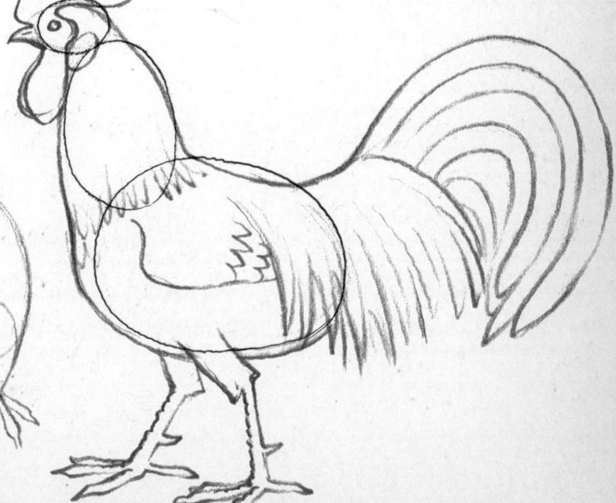

Gans

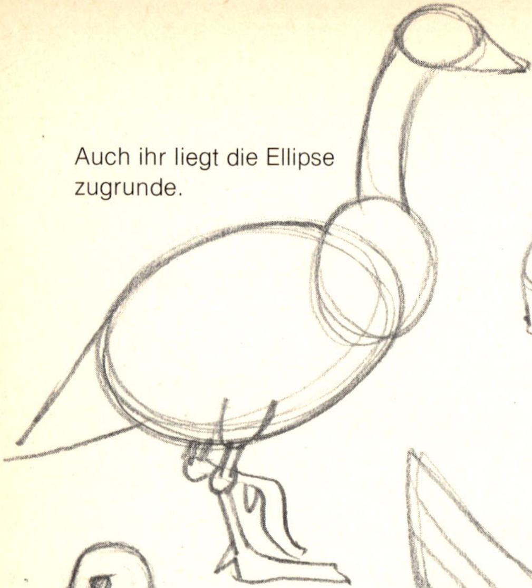

Auch ihr liegt die Ellipse
zugrunde.

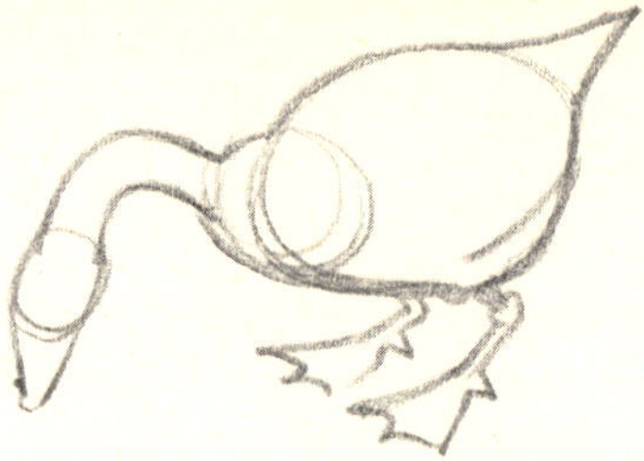

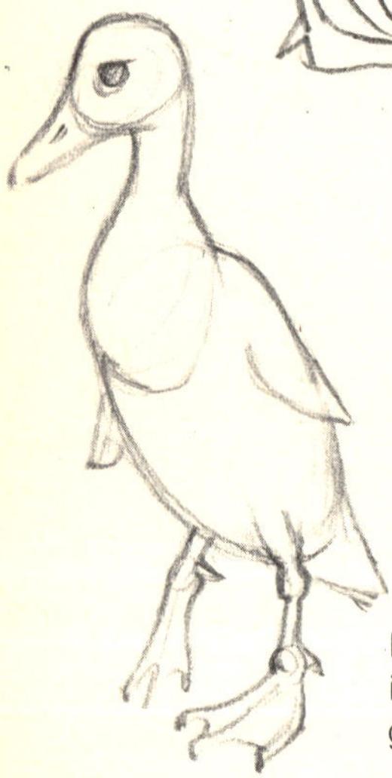

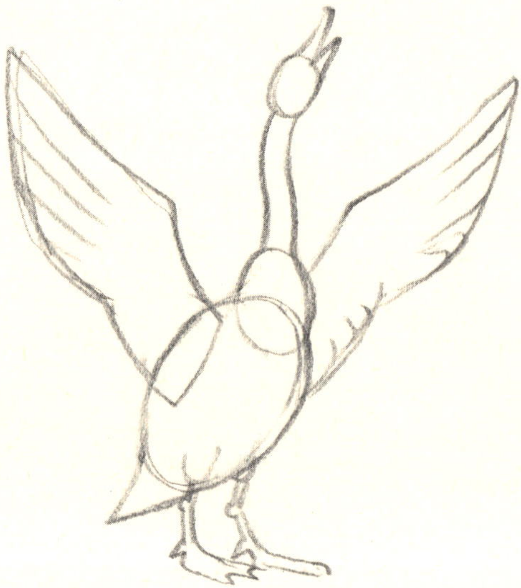

In der Natur studieren wir
ihre Füße: Damit kann sie
gut schwimmen!

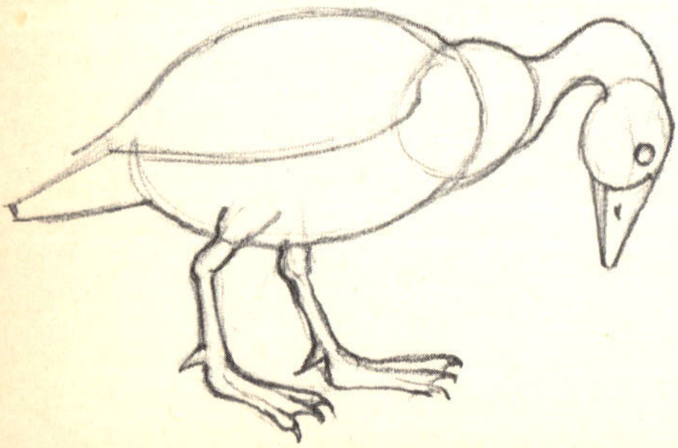

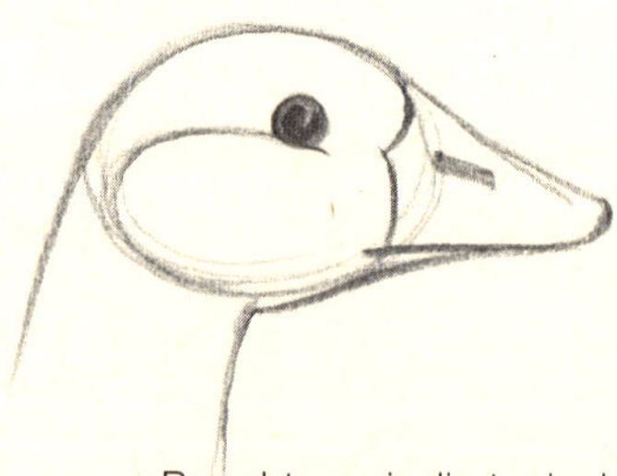

Beachten wir die typische
Kopfform!
Der Schnabelansatz ist breiter als jener der Ente.
Die Gans ist auch größer in
ihrem Körperbau.

Die Ellipse wird zum Ei. Achten wir besonders darauf, wie die Füße am Körper sitzen und wie das Tier die Füße beim Fliegen zusammenlegt!

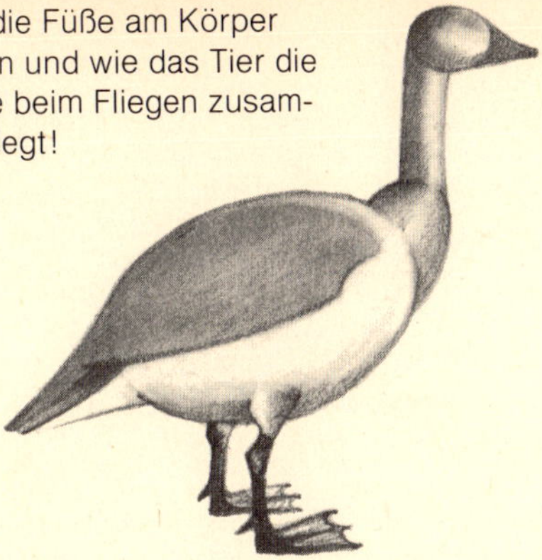

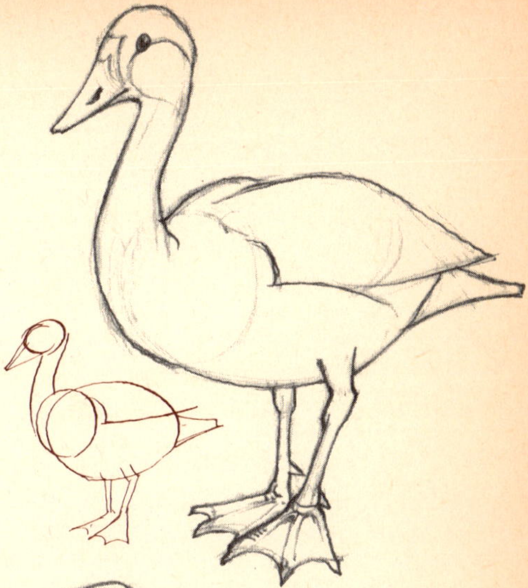

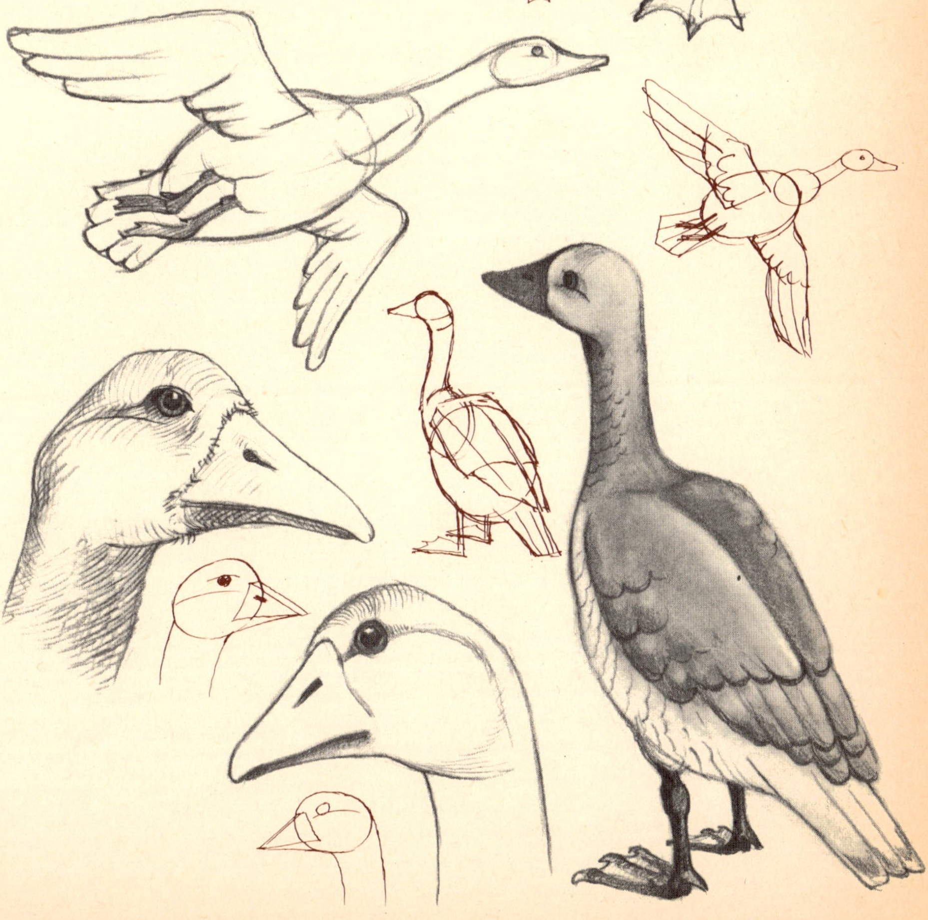

Ente

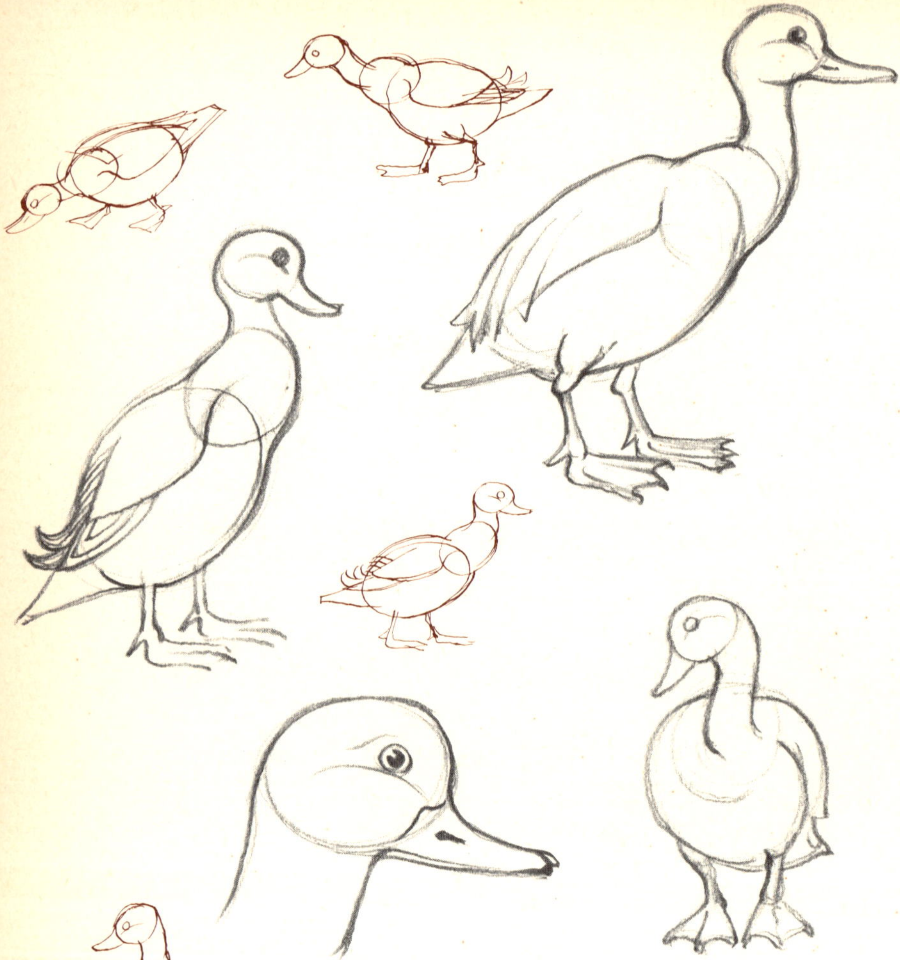

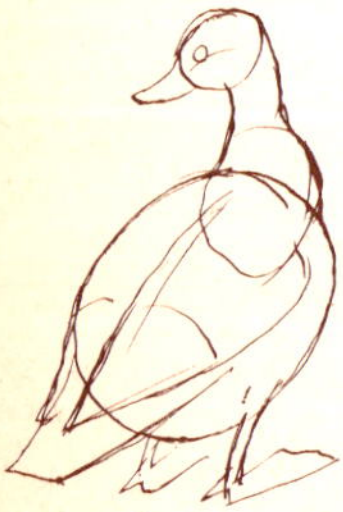

Ihr Schnabel ist leicht geschwungen.
Vergleichen wir mit der Gans.

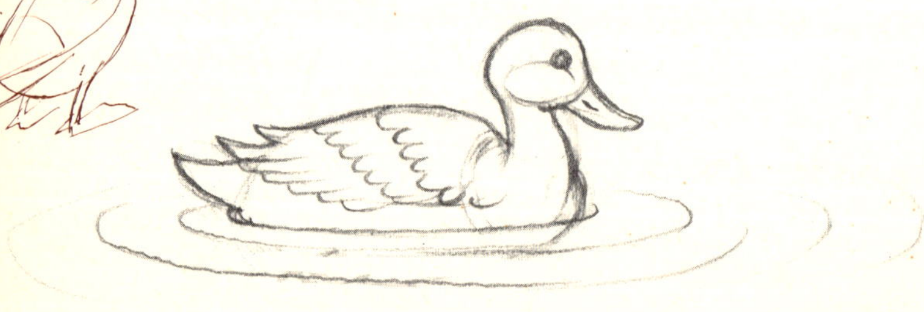

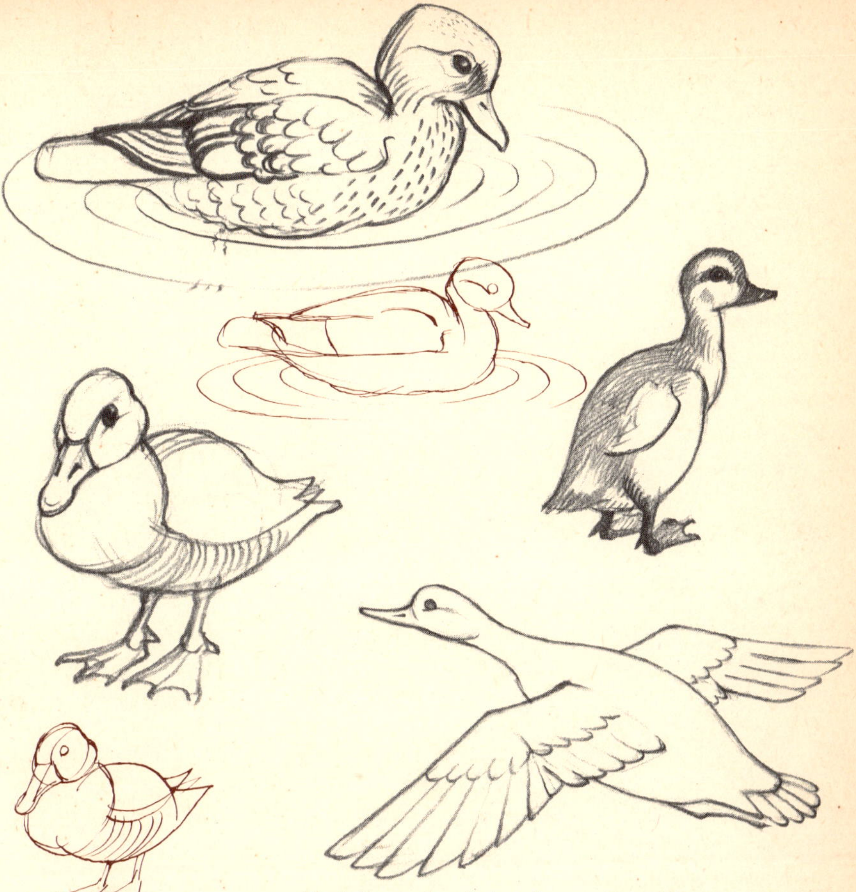

Verfolgen wir mit den Augen ihren Flug in der Luft!

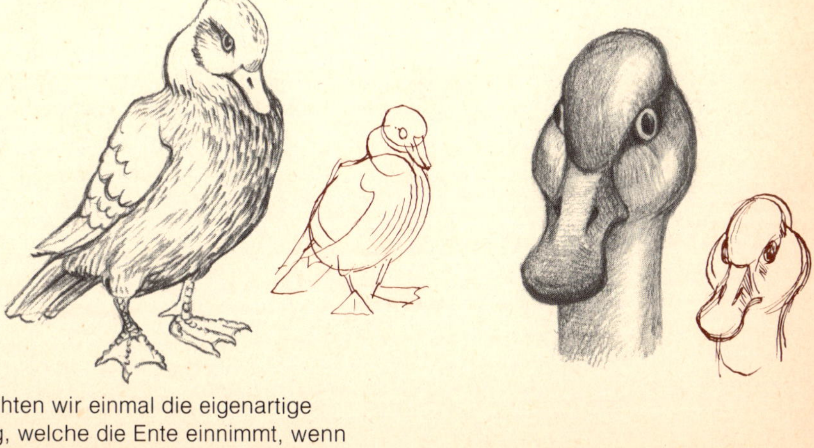

Beobachten wir einmal die eigenartige Stellung, welche die Ente einnimmt, wenn sie sich gemütlich an der Sonne trocknet!

Zeichnen, so wurde eingangs gesagt, ist keineswegs eine Kunst, die nur dem besonders Talentierten vorbehalten bleiben sollte. Zeichnen heißt vor allem Sehen und das Gesehene verstehen lernen. Wir hoffen, daß dieser erste Rundgang durch das Reich der Haustiere Anleitung und Anreiz war, die Formen der Natur intensiver kennenzulernen und sie mit Skizzenblock und Zeichenstift nachzubilden.

In weiteren Bänden werden wir uns anderen Bereichen unserer sichtbaren Welt zuwenden und versuchen, ihr mit der gleichen Zeichenmethode näherzukommen.